非线性规划问题求解方法研究

张永红 著

陕西新华出版

陕西科学技术出版社

Shaanxi Science and Technology Press

—— 西安 ——

图书在版编目（CIP）数据

非线性规划问题求解方法研究 / 张永红著.—西安：陕西科学技术出版社，2024.1
ISBN 978 - 7 - 5369 - 8788 - 3

Ⅰ. ①非… Ⅱ. ①张… Ⅲ. ①非线性规划-研究 Ⅳ. ①O221.2

中国国家版本馆 CIP 数据核字（2023）第 146768 号

非线性规划问题求解方法研究

FEIXIANXING GUIHUA WENTI QIUJIE FANGFA YANJIU

张永红　著

责任编辑	郭　勇　焦　洁
封面设计	萨木文化

出版者	陕西科学技术出版社
	西安市曲江新区登高路 1388 号陕西新华出版传媒产业大厦 B 座
	电话(029)87205187　传真(029)81205155　邮编 710061
	http://www.snstp.com
发行者	陕西科学技术出版社
	电话(029)81205180　81206809
印刷者	陕西隆昌印刷有限公司
规　格	787mm×1092mm　16 开本
印　张	8.75
字　数	135 千字
版　次	2024 年 1 月第 1 版
	2024 年 1 月第 1 次印刷
书　号	ISBN 978 - 7 - 5369 - 8788 - 3
定　价	68.00 元

前　言

PREFACE

　　群智能优化方法和确定性方法是当今科技领域中的热门话题，它们被广泛应用于计算机科学、人工智能、自动化控制等众多领域。本书是一本介绍群智能优化方法和确定性方法的学术专著，探讨了它们在解决一些优化问题时的原理及应用。

　　本书主要包括 2 个方面的内容：群智能优化方法和确定性方法。其中，群智能算法是目前计算机领域研究的热点之一，它涵盖了很多经典的算法，如蜂群算法、遗传算法、蚁群算法和粒子群算法等。这些算法通过模拟大自然中的群体行为，实现了群体协作解决问题的智能水平。而确定性方法则是一种应用广泛的算法，在问题求解的过程中，它能够保证求解结果的准确性和唯一性。

　　本书第 2～4 章介绍 2 个改进的蜂群算法和 1 个改进的粒子群算法，并介绍了它们在一些工程问题中的应用。第 5～8 章介绍了求解多乘积规划、线性比式和规划以及广义几何规划问题的确定性方法。本书将两类不同类型的方法放在一起介绍，可以满足不同领域读者的需求。

　　感谢所有参与本书编写的作者和编辑，他们的辛勤工作和不懈努力确保了本书的高质量。希望本书能够成为群智能优化方法和确定性方法领域中有益的参考书，以帮助读者更好地理解和应用这些算法。

张永红

咸阳师范学院

目　录

CONTENTS

第1章 最优化方法简介

随着社会的发展,越来越多、越来越复杂的优化问题出现在众多领域。最优化问题的一般数学模型如下:

$$\min \quad f(x)$$
$$\text{s.t.} \quad g_i(x) \leqslant 0, \quad i=1,\cdots,k, \qquad (1-1)$$
$$g_j(x) = 0, \quad j=k+1,\cdots,m$$

其中,$x=(x_1,x_2,\cdots,x_n)^T \in R^n$,$g_i(x) \leqslant 0(i=1,\cdots,k)$为不等式约束,$g_j(x)=0(j=k+1,\cdots,m)$为等式约束,$f(x):R^n \rightarrow R$ 称为目标函数,$S=\{x \mid g_i(x) \leqslant 0,i=1,\cdots,k;g_j(x)=0,j=k+1,\cdots,m\}$。若 $S=\phi$,则称该问题为无约束优化问题;若 $S \neq \phi$,则称该问题为约束优化问题。

因为 $\max\{f(x):x \in S\} = -\min\{-f(x):x \in S\}$,且 $g_i(x) \geqslant 0 \Leftrightarrow -g_i(x) \leqslant 0$;和 $-g_i(x) \leqslant 0$,$g_i(x)=0 \Leftrightarrow g_i(x) \leqslant 0$,所以,通过简单转换,最大化问题可以转化为上述最小化问题。鉴于此,本文以下内容均考虑最小化问题模型的求解。

最优化方法是应用数学和计算机科学技术去寻找最优解的一种技术和方法。最优化方法分为随机性最优化方法和确定性最优化方法2种。它们各有特点,其中随机性优化方法的特点为:

(1)采用随机变量来表示问题的未知量,因此可考虑更广泛的解集。

(2)不需要求导,只需通过取样方法和概率分布等统计方法,从样本中获得最优解。

(3)通常需要较多的计算和模拟,因此计算量较大,但可以通过并行计算提高效率。

(4)适用于大规模、高复杂度、非线性或非凸性问题的优化。

(5)由于其随机性质，结果具有一定的不确定性，但可以通过增加样本数来提高可信度。

确定性方法的特点是：

(1)采用确定的计算方法求解问题的最优解，因此结果具有确定性。

(2)利用导数或梯度信息对目标函数进行优化，因此可以获得更加精确的解。

(3)计算量较小，速度较快，在优化问题中得到广泛应用。

(4)适用于线性或凸优化问题，难以处理非线性或非凸性问题。

(5)结果具有确定性，不会受随机因素的干扰，因此可以产生高度可靠的结果。

综合对比可见，随机性方法对函数要求较少，适用范围更广，但无法保证找的解是全局最优的。确定性方法可以保证找到解的最优性，但是对函数的要求较多，适应范围小。下面针对 2 种类型，分别选取几个经典方法做一介绍。

1.1　随机性方法

这类方法不依赖于问题本身的性质，通常对要解决的问题没有太多要求，比较适合于解决那些不知道问题结构或者函数没有连续性、光滑性等性质的问题。群智能优化算法作为随机性算法的一种，具有并行性、鲁棒性、简单易于实现等特点，近年来引起了学者们的广泛关注。人们相继提出了许多群智能优化算法，包括蚁群算法、蜂群算法、遗传算法、粒子群算法、差分进化算法、蝙蝠算法、萤火虫算法等。下面介绍个典型群智能算法的基本原理，包括粒子群算法、蜂群算法、遗传算法和蝙蝠算法。

1.粒子群算法

粒子群算法（particle swarm optimization，PSO）由 Kennedy 和 Eberhart

于1995年提出。PSO算法灵感来源于鸟群捕食行为,每个鸟个体被称为"粒子",这些粒子位置、速度信息是按照一定规则进行组合和变化的。

在PSO算法中,首先初始化粒子群,并计算每个粒子的适应度函数值,然后根据适应度来更新粒子的位置信息和速度信息,通过粒子间相互调整位置和速度信息寻找全局最优解。粒子的位置和速度是可调节的,每个粒子都可以通过自身的历史最佳位置和全局最佳位置来调节自己的速度和位置,以期望更好的解。当前迭代结束后更新个体的历史最优位置和种群的整体最优位置。PSO算法的流程图如图1-1所示,流程图中 it 表示当前迭代次数,$ItMax$ 表示最大迭代次数。

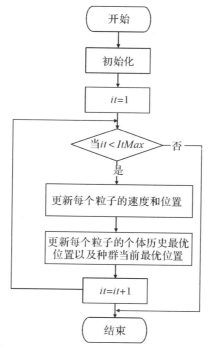

图1-1 PSO算法的流程图

PSO算法有以下优点:简单易懂、容易实现、不依赖于问题特性、能够处理高维问题和非线性问题、全局性能好等。因此,该算法被广泛应用于许多实际问题的优化中。

2.蜂群算法

人工蜂群优化算法(artificial bee colony algorithm,ABC)是一种基于蜜蜂

觅食行为的优化算法,它由 Karaboga 在 2005 年提出。ABC 算法模拟了蜜蜂觅食的过程,将蜂群分为 3 类:雇佣蜂、侦查蜂和观察蜂。其中,雇佣蜂通过搜索邻域来寻找更优解,侦查蜂通过在全局随机搜索中发现新的解,观察蜂则以一定的概率选择要加强搜索的蜜源,并在其附近进行搜索。迭代过程中,当某一位置连续搜索多次后仍未改善,则位置会被放弃,雇佣蜂转为侦查蜂,在搜索空间中随机产生一个新位置代替废弃位置。

ABC 算法的优点是简单易实现、参数少、收敛速度快等,适合处理较大规模的优化问题。ABC 算法已被应用于多种领域,如信号处理、图像识别、机器学习、无线传感器网络等方面,取得了不错的效果。ABC 算法的流程图如图 1-2 所示。

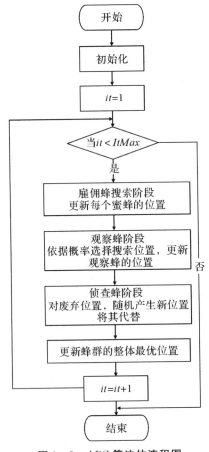

图 1-2 ABC 算法的流程图

3.蝙蝠算法

蝙蝠算法（bat algorithm，BA）一种基于蝙蝠行为的优化算法，其基本原理包括以下3点：

（1）蝙蝠具有超声波发射和接收的能力，可以利用超声波来感知周围环境和猎物位置。在算法中，蝙蝠的位置代表了解空间中的一个解，而超声波则用来评估这个解的适应度。

（2）蝙蝠在搜索过程中会发出一定频率和振幅的超声波，并根据周围环境和猎物位置的变化动态调整超声波的频率和振幅来找到最优解。在算法中，蝙蝠的频率和振幅代表了蝙蝠"飞行"的速度和搜索范围。

（3）蝙蝠的搜索过程包括2种行为：随机飞行和聚集行为。在随机飞行时，蝙蝠会根据当前的频率和振幅在解空间中随机飞行，以探索新的解。而在聚集行为中，蝙蝠会根据当前的频率和振幅向当前最优解靠近，以加速收敛。

BA算法通过模拟蝙蝠的飞行行为，以及蝙蝠之间的信息交流和合作，来搜索最优解。算法的关键在于蝙蝠位置和速度的更新，以及全局最优解的更新。通过不断地更新蝙蝠的位置和速度，算法能够逐渐收敛到最优解附近，并最终找到全局最优解。假设蝙蝠种群大小为 ps 蝙蝠算法的伪代码如表1-1所示：

表1-1　BA算法的伪代码

BA算法的伪代码
1.初始化蝙蝠种群中每只蝙蝠的位置 x_i 及速度 v_i，脉冲 γ_i 以及声响 A_i，$i=1$，$\cdots$，ps
2.定义 x_i 的脉冲频率 f_i
3.当 $it<ItMax$ 时
4.通过更新频率，速度及位置产生新的位置
5.如果 $rand>\gamma_i$
6.在最优解中选择一个，并在其附近产生一个局部解
7.如果 $rand<A_i$ 且 $f(x_i)<f(x^*)$
8.接受新位置，增加 γ_i，同时降低 A_i
9.$it=it+1$
10.确定出当前最优解 x^*，并输出最优结果

蝙蝠算法具有全局优化能力和较强的收敛速度。在实际应用中,可用于解决函数优化、组合优化、神经网络等问题。蝙蝠算法的流程图如图 1-3 所示。

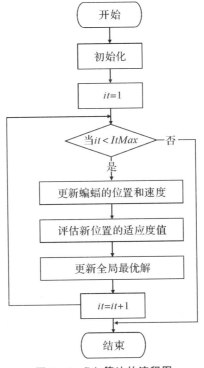

图 1-3　BA 算法的流程图

4.遗传算法

遗传算法(gene algorithm,GA)由美国 Michigan 大学的 John Holland 教授在 20 世纪 60 年代提出。GA 通过模拟生物遗传和进化的过程,在种群中不断地进行选择、交叉和变异操作,以逐步优化个体的适应度,最终找到最优解。算法的关键在于选择操作、交叉操作和变异操作的设计,以及种群的更新和适应度的评估。通过不断地迭代和更新,遗传算法能够在解空间中搜索到最优解。具体步骤如下:

(1)初始化种群:随机生成一定数量的个体,作为初始种群。

(2)评估个体适应度:根据每个个体的染色体表示,计算其适应度值,即目标函数值。

(3)选择操作:根据个体的适应度值,使用选择算子选择一部分个体作为父代。

(4)交叉操作:从父代中选择2个个体,通过交叉操作产生新的个体。交叉操作可以使用单点交叉、多点交叉、均匀交叉等方式。

(5)变异操作:对新生成的个体进行变异操作,以增加种群的多样性。变异操作可以随机改变个体的染色体中的1个或多个基因。

(6)评估新个体适应度:根据变异和交叉操作后的新个体,重新计算其适应度值。

(7)更新种群:根据选择、交叉和变异操作后的新个体,更新种群。

(8)判断终止条件:根据预设的终止条件,判断是否满足终止条件。如果满足,则算法结束;否则,返回步骤(3)。

(9)输出最优解:输出种群中适应度最高的个体作为最终结果。

总体来说,遗传算法是一种强大的优化算法,具有广泛的适用性和全局搜索能力,但在参数选择、收敛速度和计算资源方面存在一些挑战和限制。遗传算法的流程图如图1-4所示。

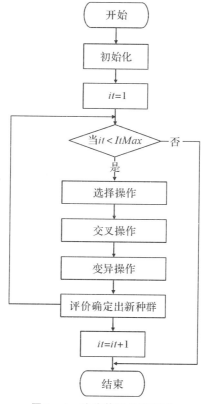

图1-4 遗传算法的流程图

1.2 确定性算法

确定性算法主要是指利用问题的解析性质产生有限或无限的点序列使其收敛于全局最优点的算法。所利用问题的解析性质有：凸性、单调性和连续性等。确定性算法可以保证在给定的误差精度范围内经过有限步迭代收敛于优化问题的全局最优解. 常用的确定性方法有分支定界方法、D.C.规划方法、交替方向法和拉格朗日乘数法等。

1.分支定界方法

分支定界算法是一种搜索算法，用于解决在可行空间中寻找最优解的问题。其基本原理是在搜索过程中对每种可能的选择进行评估，只保留可能找到最优解的分支，并逐步缩小可行解的空间，直到找到最优解或所有可能的选择都被排除为止。

具体过程如下：

(1)问题建模：将问题转化成一个模型，确定问题目标和约束条件。

(2)确定可行解的空间：根据问题模型，确定可行解的空间，并构建一个搜索树。

(3)评估节点：遍历搜索树，对每个节点进行评估，确定哪些节点可能存在最优解。

(4)分支处理：对可能存在最优解的节点进剖分，生成新的子节点。

(5)剪枝：对那些不可能存在最优解的子节点进行删除，缩小可行解空间。

(6)重复以上步骤，直到找到最优解或所有可能的选择都被排除为止。

分支定界算法在实际应用时，需要根据所考虑的具体问题解决 2 个关键环节：如何分支和如何定界。分支时，单纯形剖分和矩形对分等分支规则最为常用。此外，算法还需要关注的另一个问题是如何根据不同的定界方法研究相应加速技巧。不同的分支定界算法主要区别就在于分支和定界方法的设计方面。

2.D.C.规划

D.C.规划问题的一般形式如下：

$$\min \quad f_0(x) = f_1(x) - f_2(x)$$
$$\text{s.t.} \quad g_i(x) = g_{i,1}(x) - g_{i,2}(x) \leqslant 0, \quad i=1,\cdots,m \qquad (1-2)$$
$$x \in X \subseteq R^n,$$

其中,X 是一紧凸集,$f_1(x),f_2(x),g_{i,1}(x),g_{i,2}(x)(i=1,\cdots,m)$ 均为 X 上的凸函数。在式(1-2)中,目标函数和约束函数均为 2 个凸函数之差,这种形式的函数叫做 D.C. 函数。

D.C. 规划问题通常可以转化为一个带线性目标函数及不多于一个凸约束和一个反凸约束的 D.C. 规划问题。在求解时,通常可以通过引入新的变量,将其转化为一个目标函数为凹函数的最小化问题;或者利用凹函数在凸可行集上的最优解必在可行域的顶点处达到这一性质,将其转化为凹最小化问题。

3. 交替方向法

交替方向法(alternating direction method of multipliers,ADMM)是一种迭代求解方法,其基本思想是将一个复杂的优化问题分解成多个简单的子问题,然后通过交替的方式依次求解这些子问题,最终得到原问题的最优解。

其基本原理包括以下 4 个步骤:

(1)将原问题分解为多个子问题。

(2)对于每个子问题,引入一个拉格朗日乘数,并构造一个与其相关的等价问题。

(3)对于每个等价问题,使用某种优化算法求解其最优解。

(4)更新拉格朗日乘数,并重复以上步骤直至收敛。

在 ADMM 方法中,拉格朗日乘数用于约束条件的处理和目标函数的转化,例如将原问题中的等式约束通过拉格朗日乘数转化为不等式约束,并引入惩罚项以确保约束条件的满足。

ADMM 方法的优点是可以处理大规模、分布式、约束条件复杂的优化问题,并且收敛速度较快,但它也存在一些缺点,比如对于某些高维优化问题,难以找到合适的分解方式,或者分解后的子问题求解难度较大。

4. 拉格朗日乘数法

拉格朗日乘数法是一种用于求解带有约束条件的优化问题或最值问题的数学方法。它由 18 世纪法国数学家拉格朗日首次提出,因此得名拉格朗日乘数法。

在求解带有一组等式或不等式约束条件的优化问题时，通过引入拉格朗日乘数可以将问题转化为一个不带约束条件的问题。具体来说，可以构造一个拉格朗日函数，它是原函数与约束条件的线性组合。然后，求出这个拉格朗日函数的极值点，并满足原函数的约束条件，从而得到最终的优化或最值结果。

其步骤如下：

(1)给出问题的约束条件和目标函数。

(2)根据拉格朗日乘数法，构造拉格朗日函数。

(3)拉格朗日函数针对每个变量求偏导数，然后令它们等于零。

(4)解上述方程组，得到变量和乘子的值。

(5)将变量的值代入目标函数，得到最优值。

拉格朗日乘数法在经济学、物理学、工程学等领域都有广泛应用。比如，它可以用于求解生产函数的最大化问题、财富最大化问题、力学中的约束运动等问题。

最优化方法除了以上介绍的几种外，群智能算法还有鱼群算法、花粉传播算法、烟花算法等，确定性方法还有共轭梯度法、最速下降法、区间方法、积分水平集方法、打洞函数法等。

第2章 基于经验平衡策略的粒子群优化算法

粒子群优化算法(PSO)作为群智能算法的一个重要研究方向,在过去的几十年里已经成为一种流行的进化方法,受到了广泛的关注。尽管人们已经提出了许多改进的 PSO 算法,但是如何保持局部搜索和全局搜索能力之间的平衡,以及如何跳出局部最优位置仍然是一个挑战。

本章提出了一种基于经验平衡策略的粒子群优化算法(EBPSO)。在算法中,首先基于自适应调整机制,从 2 个搜索方程中选择出一个更好的策略,以保持局部搜索和全局搜索能力之间的平衡。其次,为了利用个体历史最优解和当前种群最优解的信息,在搜索方程中引入了调整它们影响的权重因子。然后,通过引入种群的多样性,提出了一个动态调整算法搜索能力的移动方程。最后,为了避免算法陷入局部最优,并搜索出好的潜在位置,提出了一种利用当前最优解信息设计的动态随机搜索机制。实验结果表明,EBPSO 算法在几乎所有测试问题上都具有优良的解质量和收敛特性。

2.1 研究现状

在当今社会,越来越多的问题可以归结为优化问题。为了解决这些问题,有必要提出一些有效的方法。然而,由于传统的优化方法通常要求待解问题具有一些特殊性质,因而不能很好地解决这些问题。另一方面,群体智能算法已被证明非常适合解决这些问题。因此,群智能算法引起了人们的关注,并提出了许多不同的群智能算法。

PSO 算法是由 Kennedy 和 Eberhart 提出的一种群智能算法。自提出以来,由于其具有简单结构和较快的收敛速度,它已被广泛用于解决许多问题。到目前为止,人们已经提出了很多优秀的改进 PSO。根据这些改进算法所采用的改进策略,可分为 4 种类型:①基于参数的改进。这类算法主要研究惯性权重和惯性权重等参数的改进和设计加速度系数。②基于邻域拓扑的改进。为了增强 PSO 的探索能力,已经提出了不同的邻域拓扑。③基于搜索方程的改进。为了提高 PSO 的收敛速度,这类算法采用了不同的学习策略。④基于混合策略的改进。这类算法综合了各种智能算法的优点以克服 PSO 的缺点。

除了上面提到的改进 PSO,一些改进的 PSO 还被用于解决具有实际背景的约束优化问题。例如,为了解决具有等式和不等式约束的非线性问题(NLP),通过评估约束的不可行度(IFD),文献[35]提出了一种新的 PSO。为了克服 PSO 在解决约束优化问题方面的不足,Kohler 等人设计了一种新的PSO,称为 PSO+,它能够解决具有线性和非线性约束的问题。Ang 等人提出了一种无速度约束的多群 PSO(MPSOWV),然后将约束处理技术引入 MP-SOWV。最近,通过设计具有不可行局部搜索算子的进化策略,Rosso 等人开发了用于约束问题的增强型多策略 PSO。为了解决投资组合优化问题,Zhu等人提出了一种改进的 PSO。为了解决经济排放电力调度问题,Chopra 等人提出了一种新的 PSO 变体,该变体与单纯形搜索方法集成。Xia 等人提出了一个三重档案 PSO,它可以用来解决一些工程问题。

虽然这些算法大大改进了基本 PSO,但如何平衡算法的探索和开发能力,以及降低算法陷入局部最优的可能性仍有很大的改进空间。为了克服这些不利因素,有必要提出一些更好的策略。

2.2　基本 PSO

在 PSO 中,每个粒子表示搜索空间中的一个解。最初,整个群体是随机生成的。然后通过粒子间的信息共享,种群完成进化过程。

对于每个粒子,它有 2 个量,分别是速度和位置。假设搜索空间是 n 维空间,在第 t 迭代时,假设第 i 个粒子的位置和速度分别为 $x_i^t = (x_i^1, x_i^2, \cdots, x_i^n)$ 和 $v_i^t = (v_i^1, v_i^2, \cdots, v_i^n)$,粒子 i 将依下式更新位置。

$$v_i(t+1) = \omega(t) \times v_i(t) + c_1 \times r_1 \times [pbest_i(t) - x_i(t)] +$$
$$c_2 \times r_2 \times [gbest(t) - x_i(t)] \Bigg\} \qquad (2-1)$$
$$x_i(t+1) = x_i(t) + v_i(t+1)$$

其中,c_1 和 c_2 分别为个人认知系数和社会认知系数;r_1 和 r_2 为区间$[0,1]$中的 2 个随机数;$pbest_i(t)$ 表示粒子 i 的历史最优位置;$gbest(t)$ 为第 t 次迭代时种群的最优位置;$\omega(t)$ 是一个线性递减的权重因子,其定义如下:

$$\omega(t) = \omega_{\min} + (\omega_{\max} - \omega_{\min}) \times it/MaxIt \qquad (2-2)$$

其中,参数 $\omega_{\min}$ 和 $\omega_{\max}$ 分别表示最小和最大权重因子;it 和 $MaxIt$ 分别表示当前和最大迭代次数;速度 $v_i(t+1) \in [v_{\min}, v_{\max}]$,其中 $v_{\min}$ 和 $v_{\max}$ 分别表示最小和最大速度。

2.3 改进的粒子群算法 EPSO

2.2.1 动机

搜索方程(2-1)中包含有个体历史最优位置 $pbest_i$ 与当前总体最优位置 $gbest$ 的信息,这有助于引导种群向有利的区域移动。然而,该移动方程没有区分 $pbest_i$ 和 $gbest$ 对新位置的影响程度。显然,如果可以定义一个描述它们影响程度的量,并将其引入移动方程将更有利于为粒子获得好的位置。此外,在群智能算法中,如何在算法中自适应地调整局部搜索和全局搜索能力,对算法起着非常关键的作用。为此,可以考虑在移动方程中引入多样性,以动态调整算法的局部搜索和全局搜索能力。Zhang 等人指出,多个搜索策略的组合对于改进算法非常有用。如何动态地选择搜索策略以及组合什么样的搜索策略更有效值得深入探讨,考虑到当前最优解附近往往有潜在的有用信息,如果可以挖掘和利用这些信息,无疑对提高算法的速度有很大帮助。

基于以上考虑,本章从以上 4 个方面对 PSO 进行了改进,提出了一种性能更好的改进 PSO 算法 EBPSO。

2.2.2 EBPSO 的具体过程

这一部分将介绍 EPSO 的具体细节。

1. 改进策略一

正如前面所言，如果可以度量历史最优位置和当前种群最优位置的影响程度，并将其引入到移动方程中，那么粒子的移动会更具有方向性。为此，我们定义了以下指标：

$$w_p = \frac{fit(pbest)}{fit(pbest) + fit(gbest)}$$

和

$$w_g = \frac{fit(pbest)}{fit(pbest) + fit(gbest)}$$

其中，$fit(x)$ 表示个体的适应度值，其定义如下：

$$fit(x) = \begin{cases} \dfrac{1}{1+f(x)}, & \text{如果 } f(x) > 0, \\ 1 + |f(x)|, & \text{否则} \end{cases}$$

在此基础上，给出一个新的速度更新方程：

$$\begin{aligned} v_i(t+1) = \omega(t) \times v_i(t) + c_1 \times r_1 \times [w_p^i \times pbest_i(t) - x_i(t)] \\ + c_2 \times r_2 \times [w_g \times gbest(t) - x_i(t)] \end{aligned} \quad (2-3)$$

显然，通过引入 w_p^i 和 w_g，$pbest_i$ 和 $gbest$ 在速度方程中的影响程度被体现出来了。

2. 改进策略二

为了动态调整 EBPSO 的局部和全局搜索能力，种群的分散度将被引入到移动方程中。首先，我们给出分散度 σ 的定义：

$$\sigma = \frac{1}{ps \times ||u-l||} \sum_{i=1}^{ps} \sqrt{\sum_{j=1}^{n} (x_{ij} - \bar{x}_j)^2}$$

其中，ps 是种群大小，n 是搜索空间的维度；u 和 l 分别是搜索空间的上下界；$\bar{x}_j$ 是种群均值的第 j 维。

其次，通过下面的函数将 σ 映射到区间 $[0,1]$：

$$\rho = \exp(-\sigma) \quad (2-4)$$

由式(2-4)可以看到，分散度 σ 越小，ρ 越大。

然后，将 ρ 引入到速度方程中：

$$\begin{aligned} v_i(t+1) = \omega(t) \times v_i(t) + c_1 \times r_1 \times [\rho \times pbest_i(t) - x_i(t)] \\ + c_2 \times r_2 \times [(1-\rho) \times gbest(t) - x_i(t)] \end{aligned} \quad (2-5)$$

当种群分散度较大时，种群可以提高一下收敛速度；当种群分散度较小时，算法需要提高种群的分散度，以避免算法陷入局部最优位置。显然，式(2-5)可以实现这个目的。

3. 改进策略三

由前面介绍可知，式(2-3)和式(2-5)的目的不同。式(2-3)是为了区分 $pbest_i$ 和 $gbest$ 对个体 x_i 的影响，而式(2-5)是为了动态调整局部和全局搜索能力。考虑到人类在学习知识的早期阶段更倾向于向最优个体学习，而在学习知识的后期阶段更倾向于在自己和最优个体之间寻求平衡，我们希望引入一种策略可以动态地选择移动方程式(2-3)和式(2-5)，为此，我们设计一个混合移动方程。

如果 $rand < e^{-it/MaxIt}$，置

$$v_i(t+1) = \omega(t) \times v_i(t) + c_1 \times r_1 \times [w_p^i \times pbest_i(t) - x_i(t)] +$$
$$c_2 \times r_2 \times [w_g gbest(t) - x_i(t)]$$

否则，置

$$v_i(t+1) = \omega(t) \times v_i(t) + c_1 \times r_1 \times [\rho \times pbest_i(t) - x_i(t)] +$$
$$c_2 \times r_2 \times [(1-\rho) \times gbest(t) - x_i(t)]$$

之后，置

$$x_i(t+1) = x_i(t) + v_i(t+1)$$

4. 改进策略四

众所周知，群智能算法具有陷入局部最优的风险。为了克服这一不足，提高算法的收敛速度，本章设计一个动态调整的随机搜索机制：

$$TS = l + r_3 \times (u - l) \tag{2-6}$$

$$gbest' = (1-\xi) \times gbest + \xi \times TS \tag{2-7}$$

其中，$r_3 \in [0,1]$ 是随机数；l 和 u 分别为搜索空间的上下界。ξ 的定义如下：

$$\xi = \frac{MaxIt - it + 1}{MaxIt} \tag{2-8}$$

由式(2-8)可知，ξ 随着迭代次数的增加而减少。结合式(2-7)，在算法的早起阶段，它可以帮助算法在更广的范围内搜索；在后期阶段，它可以加强 $gbest$ 附近的搜索。同时，由于式(2-7)吸收了 $gbest$ 的信息，所以它有更大的

概率产生较好的新解 $gbest'$。

基于以上介绍,下面给出 EBPSO 的算法描述。

算法 1:EBPSO 的伪代码

步骤 1 初始化种群大小 ps,最大迭代次数 $MaxIt$,学习因子 c_1 和 c_2,初始化其位置 x_i,和速度 v_i;最小权重因子 ω_{min} 和最大权重因子 ω_{max};最小速度 v_{min} 和最大速度 v_{max}。

步骤 2 置 $pbest_i = x_i (i=1,\cdots,ps)$ 并找出 $gbest$,置迭代计数器 $it=0$。

步骤 3 当 $it < MaxIt$ 时

步骤 4 对于 $i=1:ps$

步骤 5 由式(2-3)和式(2-4)更新每个粒子的位置;

步骤 6 如果 $f(x_i) < f(pbest_i)$;

步骤 7 置 $pbest_i = x_i$;

步骤 8 如果 $f(x_i) < f(gbest)$;

步骤 9 置 $gbest = x_i$。

步骤 10 根据(2-7)在 $gbest$ 附近产生新解,并依据贪婪准则确定 $gbest$。

步骤 11 置 $t=t+1$。

步骤 12 分别由式(2-2)和式(2-8)更新 ω 和 ξ。

步骤 13 如果满足终止条件:输出最优解。

2.4 数值实验

为了测试 EBPSO 的算法性能,这一部分做了 2 个实验。在实验 1 中,EBPSO 和其他 5 个改进的 PSO 在 23 个基准函数上进行了测试。这 5 个比较算法包括基本 PSO、CSPSO、SPPSO、AGPSO3 和 HFPSO。在实验 2 中,为了测试 EBPSO 算法在求解约束实际问题的能力,悬臂梁设计问题和三杆桁架设计问题被用来测试。

在这 2 个实验中,群规模 ps 被设置为 30,问题空间的维数 n 被设置为 30;迭代的最大次数是 3000。为使仿真结果更具可信性,每个实验独立运行 30 次,计算结果的均值用于比较算法的性能。所有算法均由 Matlab 2017 a 在具有 Intel Core i5-4590 3.30 GHz CPU 和 Microsoft Windows 7 Enterprise 64 位操作系统的 PC 上实现。

2.4.1 实验 1:基准函数测试

为了测试 EBPSO 在不同环境下的性能,实验 1 选择了 23 个具有不同特性的基准函数,包括 9 个基本单峰函数($f_1 \sim f_9$)、噪声函数(f_{10})、8 个多峰函数($f_{11} \sim f_{18}$)、4 个旋转函数($f_{19} \sim f_{22}$)和 1 个旋转和移位函数(f_{23})。变量的范围和每个函数的最佳值在表 2-1 中给出,这些测试功能已被广泛使用。

群智能算法中参数起着重要的作用,对算法的性能影响较大。为公平起见,比较算法中的参数设置和相应文章的一致。

比较结果在表 2-2 中给出,最优解以黑体标记。Wilcoxon's 符号秩测试(WSRT)被用于比较算法的性能,显著性水平设置为 0.05。统计结果用"+""一"或"="表示 EBPSO 好于、差于、或者近似于相比较算法的性能。

表 2-1 实验 1 的 23 个测试函数

函 数	区间	最优值
$f_1 = \sum_{i=1}^{n} x_i^2$	$[-100,100]$	0
$f_2 = \sum_{i=1}^{n} \mid x_i \mid + \prod_{i=1}^{n} \mid x_i \mid$	$[-10,10]$	0
$f_3 = \sum_{i=1}^{n} (\sum_{j=1}^{i} x_j)^2$	$[-100,100]$	0
$f_4 = \max\{\mid x_i \mid, 1 \leqslant i \leqslant n\}$	$[-100,100]$	0
$f_5 = \sum_{i=1}^{n} i x_i^2$	$[-10,10]$	0
$f_6 = \sum_{i=1}^{n} i x_i^4$	$[-1.28,1.28]$	0
$f_7 = \sum_{i=1}^{n} \mid x_i \mid^{(i+1)}$	$[-1,1]$	0
$f_8 = \sum_{i=1}^{n} (10^6)^{\frac{i-1}{n-1}} x_i^2$	$[-100,100]$	0
$f_9 = \sum_{i=1}^{n} (x_i + 0.5)^2$	$[-1.28,1.28]$	0

表 2 - 1(续)

函 数	区间	最优值
$f_{10} = \sum_{i=1}^{n} i x_i^4 + \text{random}[0,1)$	$[-1.28,1.28]$	0
$f_{11} = \sum_{i=1}^{n} (x_i^2 - 10\cos(2\pi x_i) + 10)$	$[-5.12,5.12]$	0
$f_{12} = -20\exp\left(-0.2 * \sqrt{\sum_{i=1}^{n} x_i^2/n}\right) - \exp\left[\frac{1}{n}\sum_{i=1}^{n}\cos(2\pi x_i)\right] + 20 + e$	$[-32,32]$	0
$f_{13} = \frac{1}{4000}\sum_{i=1}^{n} x_i^2 - \prod_{i=1}^{n}\cos\left(\frac{x_i}{\sqrt{i}}\right) + 1$	$[-600,600]$	0
$f_{14} = 0.5 + \dfrac{\sin\left(\sqrt{\sum_{i=1}^{n} x_i^2}\right)^2 - 0.5}{\left(1 + 0.001\sum_{i=1}^{n} x_i^2\right)^2}$	$[-100,100]$	0
$f_{15} = \dfrac{\sum_{i=1}^{n}(x_i^4 - 16x_i^2 + 5x_i)}{n}$	$[-5,5]$	0
$f_{16} = \sum_{i=1}^{n} \mid x_i\sin(x_i) + 0.1x_i \mid$	$[-10,10]$	0
$f_{17} = \begin{cases} \sum_{i=1}^{n}[x_i^2 - 10\cos(2\Pi x_i) + 10], & \mid x_i \mid < 0.5 \\ \sum_{i=1}^{n}\left\{\left[\frac{\text{random}(2x_i)}{2}\right]^2 - 10\cos[\Pi\text{random}(2x_i)] + 10\right\}, & \mid x_i \mid \geqslant 0.5 \end{cases}$	$[-5.12,5.12]$	-78.3333
$f_{18} = \frac{\Pi}{n}10\sin^2(\Pi y_1) + \frac{\Pi}{n}\sum_{i=1}^{n-1}(y_i - 1)^2[1 + 10\sin^2(\Pi y_{i+1})] +$ $\frac{\Pi}{n}(y_n - 1)^2 + \sum_{i=1}^{n} u(x_i,10,100,4)$ $y_i = 1 + \frac{x_i + 1}{4},$ $u(x_i,a,k,m) = \begin{cases} k(x_i - a)^m, & x_i > a \\ 0, & -a \leqslant x_i \leqslant a \\ k(-x_i - a)^m, & x_i < -a \end{cases}$	$[-50,50]$	0
$f_{19} = \sum_{i=1}^{n}\left[20^{\frac{i-1}{n-1}}z(i)\right]^2, z = Mx$	$[-100,100]$	0
$f_{20} = \sum_{i=1}^{n}[1000 * z(1)]^2 + \sum_{i=2}^{n} z_i^2, z = Mx$	$[-100,100]$	0

表 2 - 1(续)

函 数	区间	最优值
$f_{21} = \sum_{i=1}^{n} \left[z_i^2 - 10\cos(2\pi z_i) + 10 \right], z = Mx$	$[-5.12, 5.12]$	0
$f_{22} = \sum_{i=1}^{n} \left[100 * (z_i^2 - z_{i+1})^2 + (z_i - 1)^2 \right], z = Mx$	$[-2.048, 2.048]$	0
$f_{23} = \sum_{i=1}^{n} \left[z_i^2 - 10\cos(2\pi z_i) + 10 \right] + 330, z = M(x - o)$	$[-5.12, 5.12]$	0

表 2 - 2 EPSO 与其他 5 个改进 PSO 算法的比较结果

函数		PSO	CSPSO	SPPSO	HFPSO	AGPSO3	EPSO
f_1	Min	1.024e−01	1.440e−159	0	2.748e−23	0	0
	Mean	4.673e−01	1.239e−158	0	5.147e−22	3.036e−21	0
	SD	3.541e−01	1.594e−158	0	4.543e−22	1.663e−20	0
	t-test	+	+	=	+	+	
	Rank	6	3	1	4	5	1
f_2	Min	7.193e−01	5.114e−83	0	1.013e−12	1.446e−06	0
	Mean	3.519e+00	1.923e−82	0	7.685e−12	1.446e−06	0
	SD	2.072e+00	1.377e−82	0	6.328e−12	9.568e−11	0
	t-test	+	+	=	+	+	
	Rank	6	3	1	4	5	1
f_3	Min	5.398e+00	1.035e−15	0	8.630e−07	4.779e−138	0
	Mean	1.481e+01	6.043e−14	0	7.365e−06	8.178e−06	0
	SD	8.263e+00	9.185e−14	0	6.645e−06	4.479e−05	0
	t-test	+	+	=	+	+	
	Rank	6	3	1	5	4	1
f_4	Min	1.305e+00	8.804e−08	0	1.341e−05	1.571e−23	0
	Mean	2.675e+00	2.699e−06	0	1.998e−04	5.551e−02	0
	SD	9.817e−01	4.412e−06	0	1.473e−04	2.413e−01	0
	t-test	+	+	=	+	+	
	Rank	6	3	1	4	5	1

表 2-2（续）

函数		PSO	CSPSO	SPPSO	HFPSO	AGPSO3	EPSO
f_5	Min	1.012e+00	3.793e−163	0	3.783e−22	0	0
	Mean	4.294e+00	3.454e−162	0	4.153e−21	2.053e−25	0
	SD	2.732e+00	3.143e−162	0	8.167e−21	1.124e−24	0
	t-test	+	+	=	+	+	
	Rank	6	3	1	5	4	1
f_6	Min	1.561e−05	2.569e−322	0	3.540e−42	0	0
	Mean	2.408e−03	1.237e−319	0	2.895e−39	3.216e−54	0
	SD	3.900e−03	0	0	6.284e−39	1.761e−53	0
	t-test	+	=	=	+	+	
	Rank	6	3	1	5	4	1
f_7	Min	2.035e−13	0	0	4.149e−42	0	0
	Mean	8.022e−08	4.492e−242	0	1.036e−36	1.354e−83	0
	SD	1.720e−07	0	0	2.733e−36	7.420e−83	0
	t-test	+	=	=	+	+	
	Rank	6	3	1	5	4	1
f_8	Min	1.037e+03	5.599e−156	0	4.501e−17	2.825e+05	0
	Mean	2.501e+04	1.472e−154	0	1.738e+04	2.825e+05	0
	SD	1.856e+04	1.892e−154	0	4.209e+04	1.154e−10	0
	t-test	+	+	=	+	+	
	Rank	6	3	1	4	5	1
f_9	Min	1.012e+00	0	0	0	0	0
	Mean	2.701e+00	0	0	0	0	0
	SD	1.702e+00	0	0	0	0	0
	t-test	+	=	=	=	=	
	Rank	6	1	1	1	1	1
f_{10}	Min	4.339e−02	2.051e−03	5.027e−05	1.143e−03	9.316e−04	3.239e−08
	Mean	2.048e−01	3.905e−03	1.125e−03	2.748e−03	2.769e−03	7.889e−06
	SD	4.855e−01	1.507e−03	8.554e−04	1.434e−03	1.993e−03	9.464e−06
	t-test	+	+	+	+	+	
	Rank	6	5	2	3	4	1

表 2 - 2(续)

函数		PSO	CSPSO	SPPSO	HFPSO	AGPSO3	EPSO
f_{11}	Min	2.512e+01	0	0	1.989e+01	0	0
	Mean	4.624e+01	0	8.653e−01	4.022e+01	3.382e+00	0
	SD	1.360e+01	0	1.733e+00	1.379e+01	8.609e+00	0
	t-test	+	=	+	+	+	
	Rank	6	1	3	5	4	1
f_{12}	Min	3.151e+00	9.769e−15	−8.881e−16	3.537e−12	6.217e−15	−8.881e−16
	Mean	4.225e+00	1.296e−14	−8.881e−16	1.167e−11	3.448e−10	−8.881e−16
	SD	8.107e−01	1.123e−15	0	5.532e−12	1.888e−09	0
	t-test	+	+	=	+	+	
	Rank	6	3	1	4	5	1
f_{13}	Min	2.875e−02	3.624e−11	0	0	2.349e−01	0
	Mean	1.273e−01	5.350e−05	0	5.275e−02	2.349e−01	0
	SD	8.726e−02	6.580e−05	0	1.343e−01	1.503e−15	0
	t-test	+	+	=	+	+	
	Rank	5	3	1	4	6	1
f_{14}	Min	2.727e−01	1.286e−01	9.715e−03	3.722e−02	1.269e−01	0
	Mean	3.653e−01	1.782e−01	9.715e−03	8.086e−02	1.713e−01	0
	SD	5.044e−02	5.195e−02	6.034e−11	2.519e−02	1.771e−02	0
	t-test	+	+	+	+	+	
	Rank	6	5	2	3	4	1
f_{15}	Min	−72.549	−78.332	−19	−70.792	−78.332	−78.332
	Mean	−67.655	−78.332	−18.322	−67.557	−77.641	−78.332
	SD	2.817e+00	3.510e−14	6.974e−01	2.580e+00	1.883e+00	3.019e−11
	t−test	+	=	+	+	+	
	Rank	4	1	6	5	3	1
f_{16}	Min	3.756e−02	2.349e−87	0	3.018e−12	1.235e−06	0
	Mean	1.031e+00	6.772e−16	0	3.038e−10	1.236e−06	0
	SD	9.044e−01	6.398e−16	0	7.710e−10	4.225e−09	0
	t-test	+	+	=	+	+	
	Rank	6	3	1	4	5	1

表 2 - 2（续）

函数		PSO	CSPSO	SPPSO	HFPSO	AGPSO3	EPSO
f_{17}	Min	1.801e+01	0	0	1.416e+01	0	0
	Mean	5.370e+01	0	2.013e−01	3.701e+01	1.561e+00	0
	SD	1.587e+01	0	6.631e−01	1.031e+01	6.495e+00	0
	t-test	+	=	+	+	+	
	Rank	6	1	3	5	4	1
f_{18}	Min	5.520e−02	1.570e−32	1.570e−32	2.769e−25	2.002e−17	1.469e−08
	Mean	1.292e+00	6.219e−02	8.726e−04	7.715e−24	2.002e−17	2.832e−07
	SD	1.275e+00	8.741e−02	0	9.866e−24	6.848e−24	3.958e−07
	t-test	+	=	−	−	−	
	Rank	6	5	4	1	2	3
f_{19}	Min	1.202e+01	1.557c−160	0	3.555e−21	0	0
	Mean	1.217e+02	2.157e−159	0	8.941e−20	1.660e−22	0
	SD	4.959e+01	2.157e−159	0	1.299e−19	9.096e−22	0
	t-test	+	+	=	+	+	
	Rank	6	3	1	5	4	1
f_{20}	Min	1.134e+00	6.523e−162	0	7.399e−21	0	0
	Mean	3.633e+00	6.145e−160	0	8.105e−19	2.817e−26	0
	SD	2.122e+00	1.385e−159	0	1.082e−18	1.543e−25	0
	t-test	+	+	=	+	+	
	Rank	6	3	1	5	4	1
f_{21}	Min	3.857e+01	0	0	1.392e+01	0	0
	Mean	5.304e+01	0	4.329e−01	3.993e+01	2.918e+00	0
	SD	9.619e+00	0	1.004e+00	1.597e+01	7.803e+00	0
	t-test	+	=	+	+	+	
	Rank	6	1	3	5	4	1
f_{22}	Min	2.988e+01	1.094e−23	0	1.671e+01	2.372e−26	3.762e−09
	Mean	3.187e+01	5.302e−01	2.506e+00	1.852e+00	2.394e+00	6.743e−06
	SD	1.174e+00	1.378e+00	6.768e+00	1.456e+00	1.988e+00	1.498e−05
	t-test	+	+	+	+	+	
	Rank	6	2	5	3	4	1

表 2 - 2(续)

函数		PSO	CSPSO	SPPSO	HFPSO	AGPSO3	EPSO
f_{23}	Min	411.325	330	330.995	373.778	413.173	330
	Mean	451.451	330	346.679	409.237	414.433	330
	SD	2.501e+01	5.585e−14	8.516e+00	1.946e+01	1.278e+00	1.679e−05
	t-test	+	+	+	+	+	
	Rank	6	1	3	4	5	1
Final Rank		135	62	45	93	95	25
Total Rank		6	3	2	4	5	1

2.4.2　结果分析

从表 2 - 2 可以看到,与其他 5 种算法相比,无论是平均值或最小值的比较,EBPSO 在几乎所有的测试函数上具有最好或不次于其他算法的性能。对于函数 $f_1 \sim f_9, f_{11}, f_{13} \sim f_{14}, f_{16} \sim f_{17}, f_{19} \sim f_{21}, f_{23}$,EBPSO 可以找到最优解。对于 f_{10},EBPSO 虽然不能找到最优解,但在所有比较算法中具有最高的精度。对于 f_{12},EBPSO 和 SPPSO 具有相同的精度,且优于其他算法。对于 f_{15},EBPSO、CSPSO 和 AGPSO3 都能找到最小值,但 EBPSO 和 CSPSO 得到的平均值更好。总之,EBPSO 可以找到 23 个测试函数中的 21 个的最佳结果,占 91.3%。

此外,由表 2.2 的最后一行可以看出,PSO、CSPSO、SPPSO、HFPSO、AGPSO3 和 EBPSO 的总排名分别为 6、3、2、4、5、1。因此,基于均值比较而言,EBPSO 的性能是最好的。

2.4.3　统计结果分析

一般来说,对实验结果进行统计检验是必要的,为了更好地比较这些算法的整体性能并得出统计结论,本节基于表 2 - 2 中的数据使用非参数检验 WSRT 比较 2 种算法的性能。

为了帮助读者理解,下面简单介绍一下 WSRT。

假定 $X_1 = \{x_1, x_2, \cdots, x_n\}$ 和 $Y_1 = \{y_1, y_2, \cdots, y_n\}$ 是要比较的 2 个算法获

得的数据，其比较过程如下：

步骤 1　计算 x_i 和 y_i，如果 $x_i - y_i > 0$，sign 为＋，否则置 sign 为－。

步骤 2　计算 $|x_i - y_i|(i=1,2,\cdots,n)$，并对它们排名。如果 $|x_i - y_i| = 0$，将不参与排名。

步骤 3　基于 sign 和排名，计算符号 $\text{sign} > 0$ 的秩和 $|W^+|$ 和符号 $\text{sign} < 0$ 的秩和 $|W^-|$。然后，计算 $|W| = ||W^+| - |W^-||$。

步骤 4　令 V 是显著性水平为 α 和维度为 n 对应的关键值。如果 $|W| > V$，拒绝零假设，否则，接受零假设。

EBPSO 与其他 5 种算法的 WSRT 比较结果见表 2-2。表中最后一行是关于"＋/＝/－"的总的结果。由表 2-2 可以看出 EBPSO 在大多数测试函数上的性能要优于其他算法的，除了函数 f_{18}。

2.4.4　EBPSO 与其他 5 种 PSOs 的收敛曲线

为了直观展示 EBPSO 与其他 5 种 PSOs 的收敛情况，图 2-1～图 2-5 给出了它们的收敛曲线。由收敛曲线可以看到，对于大多数函数，EBPSO 可以在迭代较少次数时找到最优解，尤其是对于函数 $f_{11} \sim f_{14}$ 和 f_{17}，EBPSO 可以在大约 500 次迭代时找到最优解。根据以上分析可知，EBPSO 不仅收敛精度较高，而且收敛速度较快，这也侧面说明本章所提出的改进策略可以改善 EB-PSO 的搜索能力。

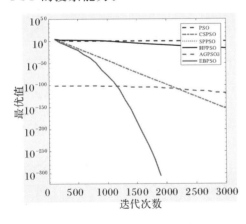
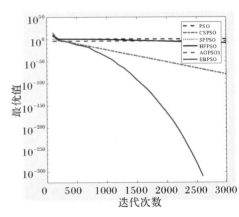

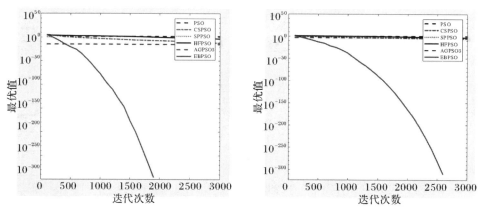

图 2-1 EPSO 与其他 5 种粒子群算法在 $f_1 \sim f_4$ 上的收敛曲线

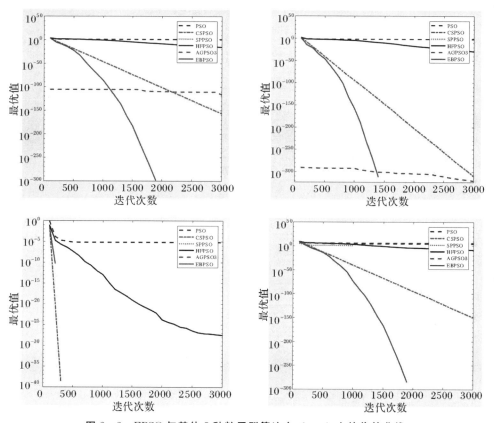

图 2-2 EPSO 与其他 5 种粒子群算法在 $f_5 \sim f_8$ 上的收敛曲线

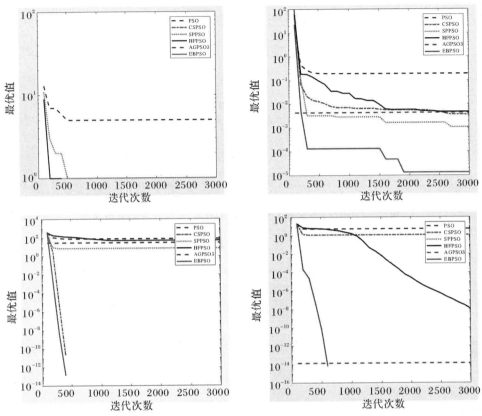

图 2-3　EPSO 与其他 5 种粒子群算法在 $f_9 \sim f_{12}$ 上的收敛曲线

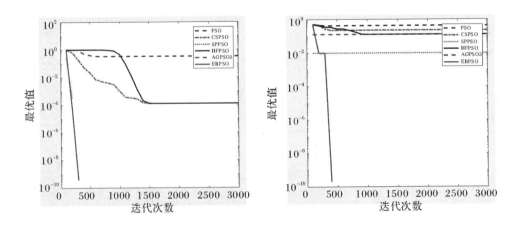

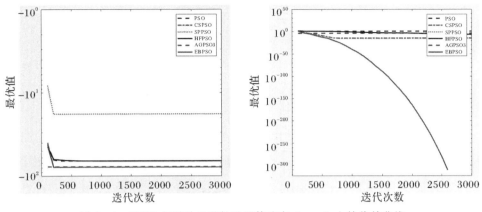

图 2-4   EPSO 与其他 5 种粒子群算法在 $f_{13} \sim f_{16}$ 上的收敛曲线

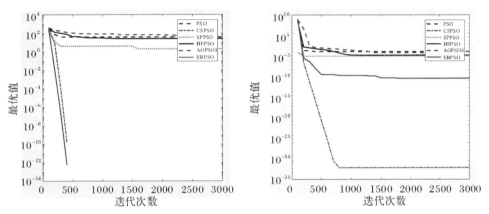

图 2-5   EPSO 与其他 5 种粒子群算法在 $f_{17} \sim f_{18}$ 上的收敛曲线

2.5   实验 2：实际问题方面的比较

2.5.1   悬臂梁设计问题

在悬臂梁设计问题中，有 5 个变量 $(x_1, x_2, x_3, x_4, x_5)$ 和 1 个约束,这个问题的目的是使悬臂梁的重量最小化。悬臂梁设计的结构如图 2-6 所示,优化问题描述如下：

$$\min f(x) = 0.6224(x_1 + x_2 + x_3 + x_4 + x_5)$$

约束为

$$g(x) = \frac{61}{x_1^3} + \frac{27}{x_2^3} + \frac{19}{x_3^3} + \frac{7}{x_4^3} + \frac{1}{x_5^3} - 1 \leqslant 0$$

其中

$$0.01 \leqslant x_1, x_2, x_3, x_4, x_5 \leqslant 100$$

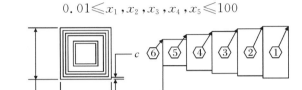

图 2 - 6　悬臂梁设计问题

PSO、CSPSO、SPPSO、HFPSO 和 EBPSO 的比较结果见表 2 - 3。从表 2 - 3 中可以看出，EBPSO 获得的解是所有这些算法中最好的，其结果为 13.032660。

表 2 - 3　不同算法对悬臂梁设计问题的结果比较

最优解	PSO	CSPSO	SPPSO	HFPSO	EBPSO
x_1	5.9513284	5.8586313	5.9354822	5.9529626	5.9705517
x_2	4.9214222	4.7469272	4.8976185	4.9026730	4.8721107
x_3	4.5581397	4.7109691	4.4956341	4.4700649	4.4804932
x_4	3.4261537	3.9480480	3.5094563	3.4846774	3.4866611
x_5	2.0907730	1.9302925	2.1041337	2.2294590	2.1295478
$f(x)$	13.037921	13.191686	13.034503	13.032954	13.032660

2.5.2　三杆构架设计问题

三杆构架设计问题是一个结构优化问题(图 2.7)，在这个问题中，有 2 个变量 $A_1(x_1)$ 和 $A_2(x_2)$，以及 3 个约束。目标函数是最小化重量，3 个约束条件分别限制应力、挠度和屈曲。这个问题的目标函数如下：

$$\min f(x) = (2\sqrt{2}\,x_1 + x_2) \times l$$

约束为

$$g_1(x) = P(\sqrt{2}\,x_1 + x_2) / (\sqrt{2}\,x_1^2 + 2x_1 x_2) - \sigma \leqslant 0$$

$$g_2(x) = P x_2 / (\sqrt{2}\,x_1^2 + 2x_1 x_2) - \sigma \leqslant 0$$

$$g_3(x) = P / (\sqrt{2}\,x_2 + x_1) - \sigma \leqslant 0$$

其中

$$0 \leqslant x_1 \leqslant 1$$

$$0 \leqslant x_2 \leqslant 1$$

$$l = 100 \text{ cm}, P = 2 \text{ kN/cm}^2, \sigma = 2 \text{ kN/cm}^2$$

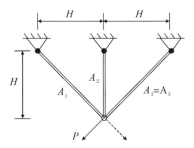

图 2-7　三杆构架设计问题

表 2-4 给出了这些算法的比较结果,可以看出,当 x_1 和 x_2 分别为 0.7886765 和 0.4082443 时,EBPSO 获得了最优值 263.89584,优于其他算法的结果。

表 2-4　不同算法对三杆构架设计问题的结果比较

最优解	PSO	CSPSO	SPPSO	HFPSO	EBPSO
x_1	0.7883677	0.7653364	0.7887759	0.7886816	0.7886765
x_2	0.4091183	0.4829597	0.4079635	0.4082297	0.4082443
$f(x)$	263.89591	264.26582	263.89587	263.89588	263.89584

第3章 改进的蜂群算法

本章考虑如下优化问题：

$$
\begin{aligned}
\min \quad & f(x) \\
\text{s. t.} \quad & x \in X
\end{aligned}
\tag{3-1}
$$

其中，$f(x)$是定义域$X \subset R^n$上的连续函数，$l_j \leqslant x_j \leqslant u_j$，$j = 1, \cdots, n$。

为了解决式(3-1)的问题，在过去的几十年里，人们已经提出了许多优化方法。这些方法通常分为2组：确定性算法和随机性算法。大多数确定性算法通常需要梯度信息，并且这些算法对于具有一个全局最优的单峰函数是理想的，而对于具有几个局部最优解的多模态函数或包括梯度较小的平坦区域的函数来说，可能比较麻烦。为了克服确定性算法的缺点，人们已经开发了许多随机算法，包括基于生物地理优化算法(BBO)、蝙蝠算法(BA)、蜘蛛猴优化(SMO)、遗传算法(GA)、差分进化(DE)、粒子群优化(PSO)、蚁群优化(ACO)、人工蜂群(ABC)以及和谐搜索(HS)等。

在这些随机性算法中，ABC算法是一种相对较新的元启发式算法，由Karboga于2005年首次提出。ABC通过模仿蜜蜂的行为来寻找全局最优解。由于其实现简单且收敛较快等优点，ABC已成功应用于解决许多现实世界中的问题，并受到越来越多的关注，关于ABC算法的研究进展可参看相关文献。

尽管基本ABC算法在许多应用中能够获得较好的结果，但它很难在探索能力和开发能力之间保持平衡。众所周知，探索和开发对于基于种群的优化算法都是必要的。然而，通过ABC算法的搜索方程可以看到ABC善于探索，但不善于开发。为了使ABC算法获得更好的性能，人们提出了许多ABC算法的变形。例如,受粒子群优化算法的启发,Zhu 和 Kwong 提出了一种改进的 ABC 算法 GABC。在该算法中,全局最优解被引入移动方程中。通过将 ABC 与自适应机制相结合,Tuba 等人改进了 GABC 算法。受 DE 算法的启发,Gao 和 Liu 为标准 ABC 提出了一个新的移动方程。为了提高 ABC 的开发能力,Gao 等人提出了一种改进的 ABC。在他们的算法中,使用了一种改进的搜索策略来生成新的食物源。为了获得更好的优化算法,一些研究人员将 ABC 算法与其他启发式技术相结合。例如,Bin 和 Qian 提出了一种用于全局数值优化的差分 ABC 算法。Sharma 和 Pant 使用 DE 算子和标准 ABC 算法开发了一种混合算法。通过将粒子群算法和 ABC 相结合,Hsieh 等人提出了一种新的混合算法。Abraham 等人将 ABC 算法和 DE 策略进行了混合,提出了一个混合差分 ABC 算法。

为了改进观察蜂的搜索能力,本章对其移动方程进行了改进。在新的搜索方程中,最优解和次优解的信息用于指导新的候选解的产生。基于这个搜索方程,本章提出了一种改进的 ABC 算法 IABC。为了增强全局收敛性,本章利用混沌系统和反向基方法生成初始种群。此外,为了提高算法的收敛速度,在当前迭代的最优解附近采用了混沌搜索。为了评估 IABC 算法的性能,在由 18 个基准函数组成的测试集上,将其与 ABC、GABC、COABC、ABC/best/1 进行了比较。实验结果表明,IABC 在所有测试函数上都比其他 4 种算法在 30 次独立运行中获得的解的最优、最差、均值和标准差方面具有更好的性能。

3.1 基本蜂群算法 ABC

根据蜂群的觅食行为,ABC 算法中的人工蜂群可以分为 3 组:雇佣蜂、观察蜂和侦察蜂。

在 ABC 算法中,食物来源及其花蜜量分别被定义为可能解及其适应度值。由于每只蜜蜂都与一个且只有一个食物源有关,因此蜜蜂的数量等于食物来源的数量。

假设搜索空间为 n,第 i 个食物源的位置可以表示为 n 一维向量 $x_i = (x_{i,1}, x_{i,2}, \cdots, x_{i,n})$,$i = 1, \cdots, ps$,$ps$ 是食物源的数量。

一般来说,ABC 算法包括四个阶段:初始化阶段、雇佣蜂阶段、观察蜂阶段和侦察蜂阶段。

(1)初始化阶段:在这个阶段,初始食物来源可以通过以下方程随机生成:

$$x_{i,j} = x_j^l + rand(0,1) \times (x_j^u - x_j^l) \tag{3-2}$$

其中,$i \in \{1,2,\cdots,ps\}$,$j \in \{1,2,\cdots,D\}$,x_j^l 和 x_j^u 分别表示第 j 维的下界和上界。

初始化完成后,使用下面(2)式计算每个个体 x_i 的适应度 $fit(x_i)$:

$$fit(x_i) = \begin{cases} \dfrac{1}{1+f(x_i)}, & \text{如果 } f(x_i) \geq 0, \\ 1+|f(x_i)|, & \text{如果 } f(x_i) < 0 \end{cases} \tag{3-3}$$

(2)雇佣蜜蜂阶段:在这个阶段,每只雇佣蜂通过使用下式在其当前位置 x_i 附近产生一个新的食物源 v_i:

$$v_{i,j} = x_{i,j} + \varphi_{i,j} \times (x_{i,j} - x_{k,j}) \tag{3-4}$$

其中,$k \in \{1,2,\cdots,ps\}$,$j \in \{1,2,\cdots,n\}$ 是随机选取的,且 $k \neq i$,$\varphi_{i,j}$ 是区间 $[-1,1]$ 中的随机数。

一旦得到 v_i 后,通过使用贪婪规则在 v_i 和 x_i 中选择其一:如果 $f(v_i) \leq f(x_i)$,v_i 将代替 x_i,并成为种群的一员,否则,x_i 保持不变。

(3)观察蜂阶段:在这个阶段,每只观察蜂根据其适合度值的概率选择食物源,选择概率计算如下:

$$p_i = \frac{fit(x_i)}{\sum\limits_{i=1}^{ps} fit(x_i)} \tag{3-5}$$

由式(3-5)可知,$fit(x_i)$ 越大,食物源 被选中的概率越大。

一旦食物源 x_i 被选中,像雇佣蜂阶段一样,使用式(3-4)产生一个新的食物源 v_i,并计算其适应度值 $fit(v_i)$。然后使用贪婪规则从 x_i 和 v_i 中选择其一。

(4)侦察蜂阶段:在这个阶段,如果食物源 x_i 在预定 $limit$ 次搜索后没有进一步改善,那么该食物源被认为是需要废弃的。此时,相关的雇佣蜜蜂将转变为侦察蜂,并随机产生新的食物来源,如下所示:

$$x_{i,j} = x_j^l + rand(0,1) \times (x_j^u - x_j^l),$$

其中,$j \in \{1,2,\cdots,n\}$。

基本 ABC 算法的流程图如表 3-1 所示:

表 3 - 1   ABC 算法的伪代码

算法1   ABC 算法的伪代码

1. 设置参数：$ps, ItMax, limit$
2. 使用式(3-2)初始化食物源 $\{x_i | i=1, \cdots, ps\}$，并对食物源的质量进行估计，置 $t=0$
3. 当 $t \leqslant ItMax$ 时
4. // 雇佣蜂阶段
5. 对每一个雇佣蜂，使用(3-4)在 x_i 的邻域产生新位置 v_i，并对其进行估计。在 x_i 和 v_i 之间进行贪婪选择
6. 使用式(3-3)计算每个食物源的适应度值，并用式(3-5)计算其选择概率 p_i
7. // 观察蜂阶段
8. 对每一个观察蜂，依据 p_i 选择一个食物源，使用式(3-4)在其附近产生新位置 v_i，并对其进行估计
9. 在 x_i 和 v_i 之间进行贪婪选择
10. 存储当前种群最优解
11. // 侦查蜂阶段
12. 依据 $limit$ 确定出要废弃的食物源. 如果存在这样的食物源，使用式(3-2)产生一个新位置代替要废弃的食物源
13. 置 $t=t+1$
14. 直到 $t=ItMax$

3.2   改进的蜂群算法 IABC

正如前面所指出的,在基于种群的优化算法中,探索和开发过程必须同时进行。然而,ABC 算法善于探索,但不善于开发。为了提高 ABC 的性能,改进其移动方程是一个有效途径。

受粒子群算法的启发,Zhu 和 Kwong 提出了下面的移动方程：

$$GABC: v_{i,j} = x_{i,j} + \varphi_{i,j} \times (x_{i,j} - x_{k,j}) + \Psi_{i,j} \times (x_{best,j} - x_{i,j}) \qquad (3-6)$$

其中,$\Psi_{i,j}$ 是区间 $[0, C]$ 中的随机数。基于 DE 算法和 ABC 的特征,Gao 和 Liu 给出了一个新的移动方程：

$$ABC/best/1: v_{i,j} = x_{best,j} + \varphi_{i,j} \times (x_{r_1,j} - x_{r_2,j}) \qquad (3-7)$$

其中,r_1 和 r_2 是从 $\{1, 2, \cdots, ps\}$ 中随机选择的 2 个整数,且 $r_1 \neq r_2 \neq i$；x_{best} 是当

前种群的最优解，且 $j\in\{1,2,\cdots,n\}$ 随机选取的；$\varphi_{i,j}$ 是区间 $[-1,1]$ 中的随机数。Luo 等为所有观察蜂提出一个均在 x_{best} 附近产生新位置的移动方程：

$$COABC: v_{i,j} = x_{best,j} + \varphi_j \times (x_{best,j} - x_{k,j}) \tag{3-8}$$

其中，k 是从 $\{1,2,\cdots,ps\}$ 中随机选取的整数，且 $k\neq j$。

由式 $(3-6)\sim$式$(3-8)$ 可以看到，它们只使用了全局最优解 x_{best} 的信息。然而，在一些实际问题中，最优解的获得不仅取决于最优经验，还需要次优经验。因此，本章为观察蜂提出了一个新的移动方程，该方程考虑了最优解和次优解的信息。然后，设计了一个高效的全局优化方法，称为 IABC。为了进一步提高 IABC 的性能，在产生初始种群时，同时应用了混沌学习和反向基学习方法。同时，在当前迭代的最优解附近采用混沌搜索，以提高算法的全局收敛速度。

3.2.1 基于混沌学习和反向基学习的初始种群

在群智能算法中，种群初始化是一个很重要的环节，它会影响收敛速度和最终解的质量。一般来说，如果没有事先信息可用，那么随机初始化是生成候选解的常用方法。但为了提高初始种群的多样性和质量，本文采用了混沌学习和反向基学习方法。具体过程见表 3-2。

表 3-2　混沌学习与反向基学习初始化种群的伪代码

算法 2　混沌学习与反向基学习初始化种群的伪代码
1. 初始种群大小 $ps, i=1, j=1$
2. 混沌学习
3. 对于 $i=1:ps$
4. 随机产生 $ch_0\in(0,1)$
5. 对于 $j=1:n$
6. $ch_j = \sin(\pi \times ch_{j-1})$
7. $x_{i,j} = x_j^l + ch_j \times (x_j^u - x_j^l)$
8. //反向基学习
9. 对于 $i=1:ps$
10. 对于 $j=1:n$
11. $ox_{i,j} = x_j^l + x_j^u - x_{i,j}$
12. 从 $\{X\cup OX\}$ 中选择 ps 个最优个体作为初始种群

3.2.2 新的观察蜂移动方程

一旦选择了食物源 x_i，为了生成新的候选食物源 v_i，我们在迭代过程中考虑种群的最优解 x_{best} 和次优解 $x_{subbest}$ 的信息，为观察蜂提出了一个新的移动方程，定义如下：

$$v_{i,j} = \omega \times x_{best,j} + c_1 \times \varphi_j \times (x_{best,j} - x_{i,j}) + c_2 \times \Psi_j \times (x_{subbest,j} - x_{i,j}) \quad (3-9)$$

其中，ω 是控制最优解在当前迭代中影响的惯性权重；c_1，c_2 是正常数；φ_j，Ψ_j 是区间 $[-1,1]$ 内的随机数。

注 1：在 IABC 算法中，参数 ω 是由以下方程式动态更新的：

$$\omega = \omega_{\min} + \frac{\omega_{\max} - \omega_{\min}}{ItMax} \times t \quad (3-10)$$

其中，$\omega_{\min}$ 和 $\omega_{\max}$ 分别表示 ω 的下界和上界；$ItMax$ 是最大迭代次数；t 是当前迭代次数。

基于以上介绍，算法 3 给出了 IABC 的伪代码具体见表 3-3。

表 3-3 IABC 算法的伪代码

算法 3　IABC 算法的伪代码

1. 初始化参数：$ps, ItMax, limit, \omega_{min}, \omega_{max}, c_1, c_2$
2. 使用算法 2 产生初始种群 $\{x_i | i = 1, \cdots, ps\}$，并对它们进行估计。置 $t = 0$
3. 当 $t \leqslant ItMax$ 时
4. //雇佣蜂阶段
5. 对每一个雇佣蜂，使用式 (3-4) 在 x_i 的邻域产生新位置 v_i，并对其进行估计。在 x_i 和 v_i 之间进行贪婪选择
6. 使用式 (3-3) 计算每个食物源的适应度值，并用式 (3-5) 计算其选择概率 p_i
7. //观察蜂阶段
8. 对每一个观察蜂，依据 p_i 选择一个食物源，使用 (3-9) 在其附近产生新位置 v_i，并对其进行估计
9. 在 x_i 和 v_i 之间进行贪婪选择
10. 存储当前最优解
11. //侦查蜂阶段
12. 依据 $limit$ 确定出要废弃的食物源。如果存在这样的食物源，使用式 (3-2) 产生一个新位置代替要废弃的食物源
13. 根据式 (3-11)~式 (3-14)，在 x_{best} 附近进行混沌搜索，并更新 x_{best}（如果需要）
14. 置 $t = t + 1$
15. 直到 $t = ItMax$

3.2.3 混沌搜索算子

为了提高 IABC 的收敛性，IABC 采用了混沌搜索算子。下面给出具体细节。

令 x_{best} 当前迭代最优解。首先，使用下式产生一个混沌变量 ch_i：

$$ch_{i+1} = 4 \times ch_i \times (1 - ch_i), \quad 1 \leqslant i \leqslant K \tag{3-11}$$

其中，K 是混沌序列的长度，$ch_0 \in (0,1)$ 是一个随机数。然后将 ch_i 映射为区间 $[l, u]$ 中的混沌向量 ch_i：

$$CH_i = l + ch_i \times (u - l) \quad i = 1, \cdots, K \tag{3-12}$$

其中，l 和 u 分别是变量 x 的下界和上界。最后，通过以下方程获得了一个新的候选解 $\hat{x}_i$：

$$\hat{x}_i = (1 - \lambda) \times x_{best} + \lambda \times CH_i \quad i = 1, \cdots, K \tag{3-13}$$

其中，λ 是一个收缩因子，其定义如下：

$$\lambda = \frac{ItMax - t + 1}{ItMax} \tag{3-14}$$

其中，$ItMax$ 是最大迭代次数，t 是当前迭代次数。

由式(3-13)和式(3-14)可以看出，λ 将随着迭代次数的增加而变小，即局部搜索范围将随着迭代的增加而变小。

3.3 实验结果及讨论

3.3.1 基准测试函数及参数设定

为了评估 IABC 算法的性能，本节将其应用于一组从文献[94]中选择的 18 个基准测试函数上，表 3-4 简要列出了这些基准函数的特征，包括维度、初始范围、表达式和性质。这些基准函数可以分为 2 组：单模和多模。为了全面验证 IABC 的有效性，将其性能与初始 ABC 和其他 3 种改进的 ABC(即 GABC、COABC、ABC/best/1)进行了比较。

函数 $f_1 \sim f_{18}$ 都是可扩展的高维问题。$f_1 \sim f_9$ 是连续的单峰函数，函数 f_{10} 是一个阶跃函数，它有一个极小值并且是不连续的，函数 f_{11} 是一个有噪声的四次函数,函数 $f_{12}\sim f_{18}$ 是难求解的多模函数,其中局部极小值的数量随着问题规模的变大呈指数级增加。

表 3-4　18 个基准测试函数

函　数	区　间	最优值
$f_1 = \sum\limits_{i=1}^{n} x_i^2$	$[-100,100]$	0
$f_2 = \sum\limits_{i=1}^{n} \mid x_i \mid + \prod\limits_{i=1}^{n} \mid x_i \mid$	$[-10,10]$	0
$f_3 = \sum\limits_{i=1}^{n} (\sum\limits_{j=1}^{i} x_j)^2$	$[-100,100]$	0
$f_4 = \max\{\mid x_i \mid, 1 \leqslant i \leqslant n\}$	$[-100,100]$	0
$f_5 = \sum\limits_{i=1}^{n-1} [100(x_{i+1} - x_i^2)^2 + (x_i - 1)^2]$	$[-30,30]$	0
$f_6 = \sum\limits_{i=1}^{n} i x_i^2$	$[-10,10]$	0
$f_7 = \sum\limits_{i=1}^{n} i x_i^4$	$[-1.28,1.28]$	0
$f_8 = \sum\limits_{i=1}^{n} \mid x_i \mid^{(i+1)}$	$[-1,1]$	0
$f_9 = \sum\limits_{i=1}^{n} (10^6)^{\frac{i-1}{n-1}} x_i^2$	$[-100,100]$	0
$f_{10} = \sum\limits_{i=1}^{n} (x_i + 0.5)^2$	$[-1.28,1.28]$	0
$f_{11} = \sum\limits_{i=1}^{n} i x_i^4 + \mathrm{random}[0,1)$	$[-1.28,1.28]$	0
$f_{12} = \sum\limits_{i=1}^{n} (x_i^2 - 10\cos(2\pi x_i) + 10)$	$[-5.12,5.12]$	0
$f_{13} = -20\exp\left(-0.2\sqrt{\sum\limits_{i=1}^{n} x_i^2 / n}\right) - \exp\left(\frac{1}{n}\sum\limits_{i=1}^{n} \cos(2\pi x_i)\right) + 20 + \mathrm{e}$	$[-32,32]$	0
$f_{14} = \frac{1}{4000}\sum\limits_{i=1}^{n} x_i^2 - \prod\limits_{i=1}^{n} \cos\left(\frac{x_i}{\sqrt{i}}\right) + 1$	$[-600,600]$	0
$f_{15} = 0.5 + \dfrac{\sin\left(\sqrt{\sum\limits_{i=1}^{n} x_i^2}\right)^2 - 0.5}{(1 + 0.001\sum\limits_{i=1}^{n} x_i^2)^2}$	$[-100,100]$	0

表 3 - 4（续）

函 数	区 间	最优值
$f_{16} = \dfrac{\sum\limits_{i=1}^{n}(x_i^4 - 16x_i^2 + 5x_i)}{n}$	$[-5,5]$	0
$f_{17} = \sum\limits_{i=1}^{n} \mid x_i\sin(x_i) + 0.1x_i \mid$	$[-10,10]$	0
$f_{18} = \begin{cases} \sum\limits_{i=1}^{n}[x_i^2 - 10\cos(2\Pi x_i) + 10], & \mid x_i \mid < 0.5 \\ \sum\limits_{i=1}^{n}\left\{ \left[\dfrac{\text{random}(2x_i)}{2} \right]^2 - 10\cos[\Pi\text{random}(2x_i)] + 10 \right\}, & \mid x_i \mid \geqslant 0.5 \end{cases}$	$[-5.12,5.12]$	-78.3333

算法 IABC 和其他 4 种算法均采用 Matlab 7.0 进行编码,实验平台为 Pentium 4,3.06GHz CPU、512M 内存和 Windows XP 的个人计算机。

对于所有算法,停止的标准是迭代次数达到最大值。每个基准函数与每个算法独立运行 30 次以进行比较。

算法的参数设置如下。

共有的参数:种群大小 $ps=25$,最大迭代次数 $ItMax=2500$,$limit$ 为 100。

IABC 的设置:$\omega_{\min}=0.4$,$\omega_{\max}=0.9$,$c_1=0.01$,$c_2=0.01$,$K=5$。

COBC 设置:UTEB=1,UTEB 表示雇佣蜜蜂的更新次数。

3.3.2 结果比较及精度

算法运行 30 次中的最优值、最差值、平均值和标准差作为性能度量的统计数据。比较结果见表 3 - 5。平均值表示算法解的质量,标准差表示算法的稳定性。

表 3 - 5   IABC 与其他 4 种算法的的比较结果

函数	算法	最优值	最差值	均值	标准差
f_1	ABC	2.48e−037	3.23e−036	1.36e−036	1.62e−036
	GABC	1.53e−057	7.68e−057	4.10e−057	3.20e−057
	COABC	9.81e−070	2.53e−069	1.96e−069	8.55e−070
	ABC/best/1	2.85e−078	1.24e−076	4.54e−077	6.89e−077
	IABC	0	0	0	0

表 3 - 5(续)

函数	算法	最优值	最差值	均值	标准差
f_2	ABC	8.21e−020	3.27e−019	1.72e−019	1.35e−019
	GABC	1.09e−029	2.33e−029	1.70e−029	6.18e−030
	COABC	8.46e−037	1.57e−036	1.15e−036	3.76e−037
	ABC/best/1	1.32e−040	1.62e−040	1.44e−040	1.56e−041
	IABC	0	0	0	0
f_3	ABC	3.41e+003	7.90e+003	5.66e+003	2.24e+003
	GABC	4.55e+003	7.17e+003	6.04e+003	1.34e+003
	COABC	4.28e+003	6.67e+003	5.77e+003	1.29e+003
	ABC/best/1	5.91e+003	9.86e+003	7.66e+003	2.01e+003
	IABC	0	0	0	0
f_4	ABC	2.98e+001	4.61e+001	3.60e+001	8.79e+000
	GABC	1.33e+001	1.74e+001	1.53e+001	2.01e+000
	COABC	1.53e+001	2.26e+001	1.87e+001	3.62e+000
	ABC/best/1	8.98e+000	1.32e+001	1.08e+001	2.19e+000
	IABC	0	0	0	0
f_5	ABC	1.67e−001	6.10e−001	3.73e−001	2.23e−001
	GABC	2.84e−002	4.50e−001	2.29e−001	2.12e−001
	COABC	7.40e−003	4.26e+000	1.54e+000	2.36e+000
	ABC/best/1	1.15e−001	2.71e+001	1.01e+001	1.47e+001
	IABC	3.56e−004	4.94e−004	4.17e−004	7.02e−005
f_6	ABC	7.96e−038	1.98e−037	1.24e−037	6.43e−038
	GABC	3.53e−058	5.58e−057	2.10e−057	3.01e−057
	COABC	2.11e−069	2.57e−068	1.06e−068	1.30e−068
	ABC/best/1	2.33e−078	3.26e−077	1.95e−077	1.55e−077
	IABC	0	0	0	0
f_7	ABC	2.30e−081	4.56e−079	1.62e−079	2.54e−079
	GABC	8.03e−120	1.54e−118	9.64e−119	7.77e−119
	COABC	2.46e−141	2.69e−139	9.36e−140	1.52e−139
	ABC/best/1	2.09e−156	7.89e−155	2.82e−155	4.38e−155
	IABC	0	0	0	0

表 3-5（续）

函数	算法	最优值	最差值	均值	标准差
f_8	ABC	1.89e−027	2.89e−023	9.65e−024	1.67e−023
	GABC	7.36e−084	6.92e−074	2.30e−074	4.00e−074
	COABC	2.07e−154	1.62e−143	5.56e−144	9.22e−144
	ABC/best/1	1.32e−159	1.01e−151	3.39e−152	5.87e−152
	IABC	0	0	0	0
f_9	ABC	9.72e−033	7.84e−032	3.66e−032	3.67e−032
	GABC	6.95e−055	6.00e−054	2.95e−054	2.73e−054
	COABC	2.66e−067	5.16e−066	1.94e−066	2.78e−066
	ABC/best/1	5.45e−074	5.51e−073	3.15e−073	2.49e−073
	IABC	0	0	0	0
f_{10}	ABC	0	0	0	0
	GABC	0	0	0	0
	COABC	0	0	0	0
	ABC/best/1	0	0	0	0
	IABC	0	0	0	0
f_{11}	ABC	1.56e−001	2.51e−001	1.91e−001	5.23e−002
	GABC	5.62e−002	9.02e−002	7.35e−002	1.69e−002
	COABC	3.69e−002	8.55e−001	5.68e−002	2.54e−002
	ABC/best/1	4.55e−002	7.05e−002	5.96e−002	1.28e−002
	IABC	2.40e−006	8.93e−006	5.27e−006	3.33e−006
f_{12}	ABC	1.77e−015	6.64e−013	2.27e−013	3.78e−013
	GABC	0	0	0	0
	COABC	0	0	0	0
	ABC/best/1	0	0	0	0
	IABC	0	0	0	0
f_{13}	ABC	4.17e−014	6.30e−014	5.59e−014	1.23e−014
	GABC	3.10e−014	4.17e−014	3.81e−014	6.15e−015
	COABC	3.10e−014	3.81e−014	3.46e−014	3.55e−015
	ABC/best/1	2.04e−014	3.10e−014	2.51e−014	5.42e−015
	IABC	−8.81e−016	−8.81e−016	−8.81e−016	−8.81e−016

表 3-5(续)

函数	算法	最优值	最差值	均值	标准差
f_{14}	ABC	$1.11e-016$	$4.94e-011$	$1.64e-011$	$2.85e-011$
	GABC	0	$1.11e-016$	$3.70e-017$	$6.40e-017$
	COABC	0	$2.22e-016$	$7.40e-017$	$1.28e-016$
	ABC/best/1	0	$1.03e-013$	$3.43e-014$	$5.95e-014$
	IABC	0	0	0	0
f_{15}	ABC	$4.41e-001$	$4.59e-001$	$4.53e-001$	$1.03e-002$
	GABC	$3.45e-001$	$3.73e-001$	$3.64e-001$	$1.60e-002$
	COABC	$3.73e-001$	$3.96e-001$	$3.88e-001$	$1.31e-002$
	ABC/best/1	$2.72e-001$	$3.73e-001$	$3.19e-001$	$5.06e-002$
	IABC	0	0	0	0
f_{16}	ABC	-78.3323	-78.3323	-78.3323	0
	GABC	-78.3323	-78.3323	-78.3323	0
	COABC	-78.3323	-78.3323	-78.3323	0
	ABC/best/1	-78.3323	-78.3323	-78.3323	0
	IABC	-78.3323	-78.3323	-78.3323	0
f_{17}	ABC	$3.72e-011$	$2.57e-007$	$1.17e-007$	$1.29e-007$
	GABC	$5.88e-015$	$3.95e-010$	$1.33e-010$	$2.26e-010$
	COABC	$2.17e-039$	$1.22e-015$	$4.07e-016$	$7.05e-016$
	ABC/best/1	$7.87e-044$	$1.88e-015$	$7.03e-016$	$1.03e-015$
	IABC	0	0	0	0
f_{18}	ABC	0	$8.88e-015$	$3.55e-015$	$4.69e-015$
	GABC	0	0	0	0
	COABC	0	0	0	0
	ABC/best/1	0	0	0	0
	IABC	0	0	0	0

从表 3-5 可以看出,IABC 在所有测试函数上的性能都优于其他 4 种算法。

3.3.3 收敛速度的比较

为了比较 5 种算法的收敛速度,ABC、GABC、COABC、ABC/best/1 和 IABC 的收敛曲线如图 3-1 所示,在图中,每条曲线表示一种算法的最佳适应度在迭代过程中的变化。因此，每条曲线的终点展示了算法找到最优解需要的迭代次数。

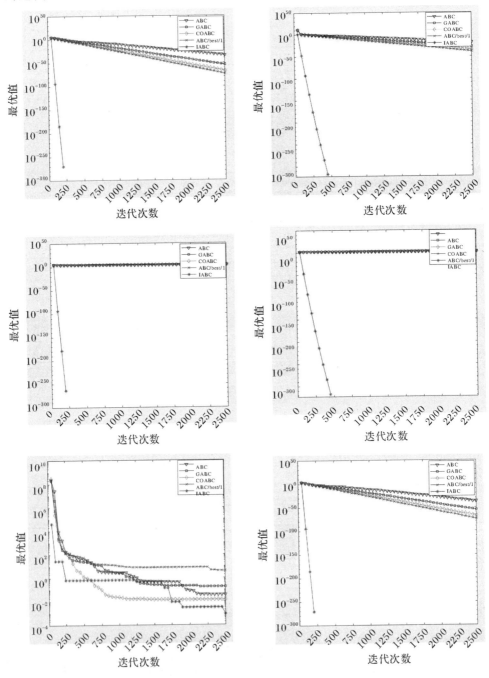

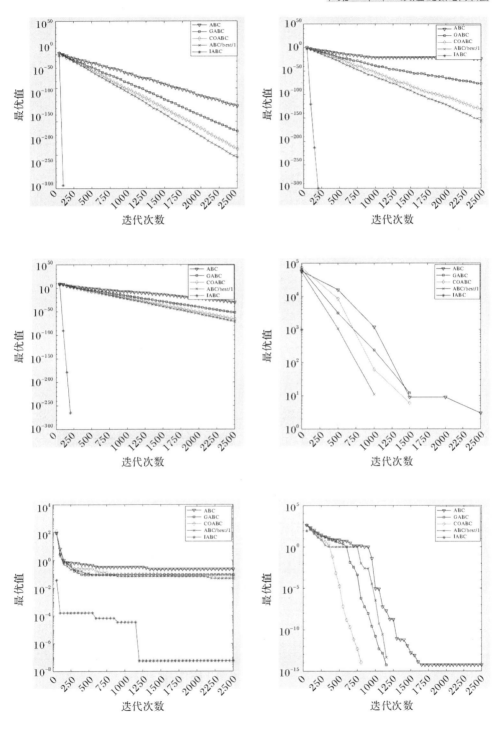

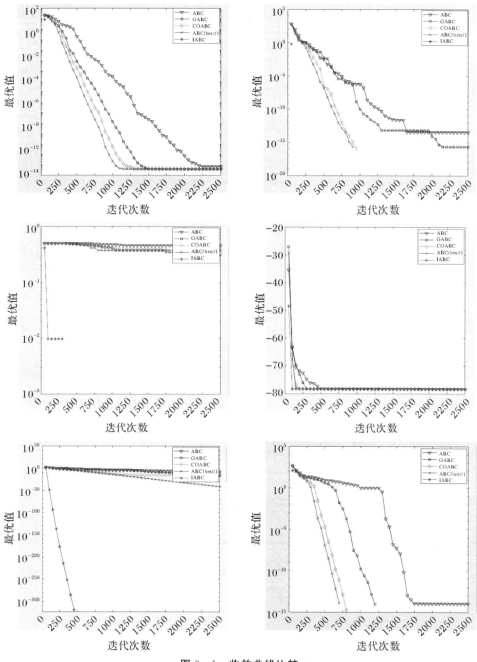

图 3-1 收敛曲线比较

从图 3-1 中可以看出，IABC 的收敛速度比基本 ABC 和其他 4 种改进的 ABC 算法更快。

第4章 基于竞争原则和记忆能力的人工蜂群算法

本章考虑如下最小化问题：

$$\min f(x)$$
$$\text{s.t.} \quad x \in [l, u]$$

其中，$x = (x_1, x_2, \cdots, x_n)$ 是决策变量；$f(x)$ 是目标函数；l 和 u 分别是搜索空间的下界和上界。

对于上述优化问题，传统的优化方法通常可以做严格的收敛性分析，拥有较快的收敛速度，但前提是需要满足一些要求，如连续性、光滑性或 Lipschitz 性质等。因此，近年来对函数要求较少的群智能算法引起了人们的关注。根据"没有免费午餐"定理，没有一种算法能够很好地解决各种问题，即每种算法在收敛速度、探索和开发方面都有其优缺点，故有必要提出性能更好的群智能算法。

作为群智能算法的一员，人工蜂群算法 ABC 自 2005 年由 Karaboga 首次提出后受到极大的关注。ABC 算法的灵感来自大自然中蜜蜂之间合作的觅食行为，模拟了蜜蜂在寻找花蜜过程中的信息交流与合作。由于 ABC 算法具有易于实现、控制参数少、鲁棒性好等优点，它在许多领域得到了广泛的应用。

与其他群智能算法一样，ABC 算法也面临着一些挑战，如收敛速度慢、探索与开发能力不平衡。造成这些缺陷的一个主要因素是信息交流的方式。在 ABC 算法中，使用的是基于适应度值的轮盘机制选择优秀食物源，但是随着迭代的进行，选择压力会逐渐增加。许多学者设计了不同的方法来缓解压力，如深度优先搜索框架、基于排名的自适应、基于贝叶斯估计的概率等。在这些方法中，提出了不同的选择机制，每种方法都有自己的优缺点和局限性。

另一个主要因素是个体的移动方程。在 ABC 中，由于其全局搜索能力优于局部搜索能力，很多文献研究都集中在改进移动方程以提高开发能力。例如，移动方程中引入高质量的个体或精英解的信息、不同的拓扑结构、邻居选择、自适应策略池、参数改进等。所有这些方法都为我们进一步探索 ABC 算法提供了方向。

此外，还有一些其他好的想法用于解决 ABC 算法在计算资源中分配不平衡的问题。例如，多维扰动策略、改进的废弃机制、混合其他优化算法。每种方法在解决优化问题方面都具有优异的性能。

基于上述分析，ABC 算法的主要挑战是如何更好地平衡局部和全局搜索能力。为此，本章提出了一种新的具有竞争原则和记忆能力的人工蜂群算法 ABC_CM。主要贡献如下：

(1)通过结合竞争原则，建立了一种新的选择概率机制，用于有效地选择精英个体进入下一阶段。

(2)通过结合记忆能力、种群多样性因子和高质量的邻居机制，构建了一个新的观察蜂移动方程。

(3)通过个体与当前最优个体之间的维度差异，设计了一种随机控制维度的扰动机制。

(4)通过利用成功改进的次数，定义了一个全局潜在个体，用于生成新的解。

4.1　ABC 算法的相关研究介绍

近年来，人们通过结合数学知识或自然现象提出了许多改进的 ABC 算法。例如，为了将更多的计算资源分配给高质量的食物源，Cui 等人构建了深度优先搜索(DFS)框架，并将其应用于 ABC 算法。之后，Wang 等人设计了一种结合 DFS 和其他几种知识的 ABC 算法。在他们的研究中，使用了一种适应性学习机制来平衡探索和开发能力，并将 3 种方法应用于侦察蜂阶段。基于排名分配，Cui 等人设计了一种自适应选择概率。Zhang 等人提出了一种基于秩排序和高斯分布的细胞邻居的元胞机 ABC 算法。同时，他们讨论了该方法的全局收敛性。相关文献[106]提出了一种基于贝叶斯估计的条件选择概率，并设计了 2 个新的运动方程来平衡探索和开发能力。

为了提高 ABC 算法的局部搜索能力，人们提出了许多新的移动方程。例如，受粒子群优化算法的启发，Zhu 等人提出了一种基于当前最优个体 Gbest 引导的 ABC 算法。Zhou 等人利用全局最优解提出了一种高斯骨架的 ABC 算法。通过引入精英群体的有价值信息，文献 [108] 设计了 2 个新的搜索方程。相关文献 [109] 提出了一种新的贪婪位置更新策略，该策略可通过控制方案进行自适应调整。为了平衡全局搜索和局部搜索，文献 [110] 提出了 3 种邻域拓扑。考虑到邻居信息在学习过程中的重要性，Peng 等人提出了一种最优邻居引导的解搜索策略。受重力模型的启发，文献 [112] 提出了一种引力模型用于选择更好的邻居。通过多种搜索策略的融合，文献 [113] 设计了一种新的小种群 ABC 改进算法。文献 [114] 利用种群特征给出了一个可以自适应选择具有不同特点搜索方程的 ABC 算法。Li 和 Yang 提出了一种具有记忆的 ABC 算法，它可以记住以前的成功经验，并指导进一步的搜索。Alam 和 Islam 提出了一种可以动态调整搜索步长的 ABC 算法。通过将列维飞行与 ABC 集成，文献 [117] 提出了一种具有列维飞行特点的 ABC 算法，它可以自动调整步长。

由于基本 ABC 算法中进行的是一维搜索，这在一定程度上限制了其局部搜索能力。为了测试不同维度扰动的影响，Akay 和 Karaboga 设计了一个控制参数 MR。根据个体改进的经验，给出了一个新的维度扰动策略。同时，Ye 等人提出了一种具有自适应搜索方式和维度扰动的 ABC 算法。

在 ABC 算法中，侦察蜂阶段废弃机制的完全随机性可能会造成计算资源的浪费。文献 [121] 中的实验表明，在侦察阶段进行一些改进可以成功地提高 ABC 的性能。为了提高高质量候选解生成的概率，在侦察蜂阶段采用了反向基学习策略。Dahan 等人提出了一种带有杜鹃搜索算法的混合人工蜂群，其中杜鹃搜索用于克服 ABC 的局限性。此外，还有一些其他提高 ABC 算法的性能混合算法。

4.2 改进的 ABC 算法 ABC_CM

4.2.1 动机

自 ABC 算法提出以来，为了克服其缺点，人们提出了许多方法。例如，针对选择概率，人们提出了一些基于成功经验或排名的改进机制。这些机制一定程度上可以弥补原有概率机制的不足，但是它们在选择高质量的解方面仍然存在缺陷。考虑到竞争是第一名对他人的刺激作用以及他们与第一名之间的位置差异，本章设计了一个新的选择概率以帮助选择优质的食物源。

在 ABC 算法中，邻居食物源在搜索过程中起着重要作用。然而，基本 ABC 算法中邻居食物源是从整个种群中随机选择的，这可能会导致收敛速度过慢。因此，需要引入一种高质量的邻居机制。此外，记忆能力作为一种普遍存在的生物学现象，也引起了许多学者的关注。科学家已经证明记忆能力可以帮助生物从过去的经历中学习，并做出适合生存的决定。因此，结合记忆能力可能会为提高 ABC 提供一个新的思路。此外，由于种群多样性反映了个体之间的分散程度，将其引入到 ABC 算法或许可以实现动态调整。

在 ABC 算法中，侦察蜂的任务是在确定废弃食物源后在搜索空间中生成一个新解，然后用新解代替旧解。然而，基本 ABC 算法中这一过程具有较高的随机性，进而会造成计算资源的浪费，导致收敛速度慢。由相关文献可知，在高质量解附近生成候选解可以克服这个问题，这启发我们可以设计新的方法产生高质量解。

4.2.2　基于竞争原则的选择概率

在雇佣蜂阶段之后，基于花蜜量（适应度值）计算原始选择概率。根据选择概率，花蜜量越高，食物源被选择的几率就越大。这种机制的随机性确保了个体选择的相对公平性，但选择压力随着迭代次数的增加会越来越大。例如，假设在某次迭代时有 2 个食物源 x_1 和 x_2，它们的目标函数值分别为 $f(x_1)=1.0\mathrm{e}-20$ 和 $f(x_2)=1.0\mathrm{e}-00$。显然，x_2 比 x_1 要好，因此 x_2 比 x_1 更有价值。然而，根据基本 ABC 算法中的概率选择机制，式（3-3）和式（3-5），由于 Fit_2 和 Fit_1 近似等于 1。故 P_2 近似等于 P_1，即它们被选中的概率是一样的。尽管一些学者设计了一些选择机制来缓解这一问题，但仍存在一些局限性。从理论上讲，它可以通过选择优质食物源进行开发以提高收敛速度.为了达到这一目的，在本小节中构建了一个新的概率机制。

众所周知，在竞赛中，每个选手都想赢得冠军。因此，参赛者都会以第一名为目标，并尽最大努力缩小与第一名之间的差距。换句话说，处于第一位置的个人具有引导作用。同时,越接近第一的位置,个人就越具有竞争力。因此,我们将搜索看做一个竞争过程,并基于竞争原则设计了一个新的选择概率,该概率是由其他个体与第一位置之间的差异构建的。具体情况如下:

$$Dis(i) = |f(x_i) - \min(f(x))| \qquad (4-1)$$

$$\min(f(x)) = \min\{f(x_1), f(x_2), \cdots, f(x_N)\} \qquad (4-2)$$

其中,$i \in \{1, 2, \cdots, N\}$,$\min(f(x))$ 是当前所有个体的最小目标函数值。式 (4-1) 表明,差异越大,个人的位置就越差。随后,基于式 (4-1) 和式 (4-2),设计一个新的用于选择高质量解的概率,其计算如下:

$$Prob(i) = \exp\left[-\frac{Dis(i)}{\max(Dis)}\right] \qquad (4-3)$$

从式 (4-3) 中可以看出,个体的选择概率和它与 $\min(f(x))$ 之间的差成反比。也就是说,个体离第一位置越近,就越容易被选中进行开发,这符合我们的理论预期。然而,在解决实际问题时,可能会出现 $\max(Dis) = 0$ 的情况,这将使得该机制失效。当出现这种情况时,每个食物源的概率值被设置为 $Prob(i) = 1/ps$。该方法不需要计算适应度值,可以节省一定的计算资源。

为了直观展示,图 4-1 给出这一选择过程。在图 4-1 中,a, b, c, d, w 分别表示 x_a,x_b,x_c,x_d,x_w 和 x_g 之间的差异。很明显,在这种情况下,$\max(Dis)$ 就是 $|f(x_w) - \min(f(x))|$,差异比率决定了个体的选择概率,即越接近 x_g,食物源被选择的概率就越大。因此将有 $P(x_g) > P(x_a) > P(x_b) > P(x_c) > P(x_d) > P(x_w)$。这种方法可以有效地选择高质量的食物源,降低迭代后期的选择压力。

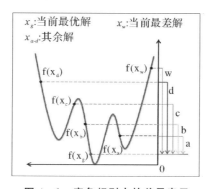

图 4-1 竞争规则中的差异表示

4.2.3 高质量邻居和记忆因子方程策略

ABC 算法中移动方程使用的邻居是从整个种群中随机选择的。然而，当随机选择的邻居不好时，它可能会减慢收敛速度。为了克服这个问题，一些学者提出了基于全局最优解的移动方程，并讨论了它们的性能。虽然使用最优解的信息可以提高开发能力，但它削弱了探索能力，容易陷入局部最优。因此，如何合理地使用有价值的解来提高 ABC 的性能是非常重要的。

为了实现这一目的，本文引入了一种高质量的邻居机制。在使用蜜蜂阶段，从集合 $\{j=1,2,\cdots,ps \mid f(x_j) \leqslant f(x_i)\}$ 中选择一个邻居 x_N，并设计一个新的移动方程：

$$v_i^j(t+1) = x_N^j(t) + \varphi_i^j \times [x_N^j(t) - x_i^j(t)] \tag{4-4}$$

其中，φ_i^j 是区间 $[-1,1]$ 中的随机数。

在雇佣蜂阶段完成后，观察蜂已经积累了很多经验，例如种群多样性可以反映迭代过程中的探索或开发效果。一般来说，种群多样性高意味着种群分散，具有较强的全局搜索能力。相反，当种群集中时，局部搜索较强。种群的多样性计算如下：

$$disp(t) = \frac{1}{ps} \times \sum_{i=1}^{ps} \| x_i - Mean(t) \|_2 \tag{4-5}$$

其中，$Mean(t)$ 表示种群的平均值，其计算如下：

$$Mean(t) = \left[\frac{\sum_{i=1}^{ps} x_{i.}^1}{ps}, \frac{\sum_{i=1}^{ps} x_{i.}^2}{ps}, \cdots, \frac{\sum_{i=1}^{ps} x_{i.}^n}{ps} \right] \tag{4-6}$$

分散的种群有助于在整个搜索空间中找到最优解，而集中的种群表明个体接近最优解。因此，如果可以将种群的多样性引入到 ABC 算法中，以动态调整运动方程，则可以提高 ABC 算法的性能。基于上述考虑，我们引入了记忆因子 $disp(t)$，并设计一个新的移动方程：

$$v_i^j(t+1) = x_n^j(t) + \varphi_i^j \times [disp(t) \times x_n^j(t) - x_i^j(t)] +$$
$$rand \times [disp(t) \times x_g^j(t) - x_i^j(t)] \tag{4-7}$$

其中，x_g 是当前最优解；φ_i^j 是 $[-1,1]$ 中的一个随机数；$rand$ 是 $[0,1]$ 中的一个随机数。$disp(t)$ 的作用是根据前一阶段种群的分布情况，控制对优质食物源的学习程度。开始时，非常大，优秀个体 x_n 和 x_g 的信息被记忆和学习，有助于增强开发能力,加速收敛。随着迭代的进行,种群逐渐聚集,种群的多样性降低,这意味着它将增强 x_i 的作用,即加强探索能力,避免陷入过早收敛。式(4-7)的优点是可以通过种群多样性动态调整蜜蜂的搜索行为,不仅可以合理分配计算资源,还可以实现探索和开发之间的平衡。

为了直观地说明种群多样性的变化,我们测试了 2 种不同类型的基准函数 f_1 和 f_{11},如图 4-2 所示。从图 4-2 中可以看出,随着迭代的进行,$disp(t)$ 迅速收敛到 0,这表明种群正在逐渐接近某个最优值。

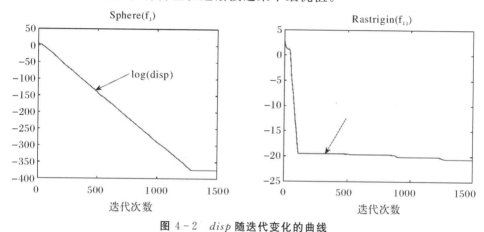

图 4-2 $disp$ 随迭代变化的曲线

4.2.4 基于维度差异的维度扰动

基本 ABC 算法在进化过程中只进行一维搜索,这在一定程度上限制了其优化效率。多维扰动已被证明可以有效提高 ABC 的性能,但以前的方法中扰动维度的下标是完全随机的,不具有针对性。为了获得更好的解,我们将选择一些潜在的维度进行扰动。考虑到食物源和最优食物源之间的维度差异,本节设计了一种用在雇佣蜂和观察蜂阶段的多维扰动策略。首先,计算如下差值:

$$Dim_i^d = |x_i^d - x_k^d| \qquad (4-8)$$

其中,$d=1,2,\cdots,n$,x_N 是从 $\{j=1,2,\cdots,ps \mid f(x_j) \leqslant f(x_i)\}$ 中随机选择的。显然,离 x_N 越远,维度相对越差,扰动这些维度可能会提高食物源的质量。然而,扰动维度的数量在搜索过程中也起着关键作用,本节用下式确定扰动维度的数量:

$$Num\_d(t) = rand \times n \times \alpha \qquad (4-9)$$

其中,$\alpha \in [0,1]$是用于控制扰动频率的常数。显然,合适的α可以实现合理的维度扰动,以提高 ABC 的性能。为了确定合适的α,后面实验进行了α的灵敏度测试。对Dim_i进行降序排序,并选择前$Num\_d(t)$个维度下标。

4.2.5 潜在解策略

在侦察蜂阶段,当食物源的没被改善次数超过$limit$次时,它将被视为一个废弃解,并由一个新解所代替。如果使用基本 ABC 算法中的式(3-2)产生新解,其完全随机性可能会造成计算资源的浪费。为了克服这个问题,人们提出了许多改进策略,如柯西扰动策略、基于反向基的学习策略、正交学习机制等。

根据相关文献,尽管进化次数最多的个体不一定是全局最优的,但它可能是最有希望的。因此,为了确定有价值的食物源,我们使用以下方法记录个体在雇佣蜂和观察蜂阶段的进化:

$$PR_i = \begin{cases} PR_i + 1, & \text{如果 } f(v_i) < f(x_i) \\ PR_i, & \text{否则} \end{cases} \tag{4-10}$$

其中,PR_i表示的是第i个食物源进化的次数。基于式(4-10),由$\max(PR)$确定一个全局潜在x_p,在此基础上,由下式产生一个潜在候选解:

$$x_{ind} = \frac{x_p + x_w}{2} + \Psi_i \times (x_p - x_w) \tag{4-11}$$

其中,x_w是被废弃的解;Ψ_i是$[-1,1]$中的一个随机数。在获得x_{ind}后,x_w将在侦察蜂阶段被x_{ind}所替换。从式(4-11)中可以看出,候选食物源不仅继承了x_p的优秀基因,还包括废弃解的信息。因此,这种策略既可以加快收敛速度,又防止陷入局部最优。

下面讨论 ABC_CM 的时间复杂性。设N为种群大小,$O(f)$为目标函数的复杂度,T_m为最大迭代次数。ABC 算法的复杂度为$O(T_m \times (N \times O(f) + N \times O(f) + O(f))) = O(T_m \times N \times O(f))$,对于 ABC_CM,由于没有额外的函数计算,因此它具有与 ABC 算法相同的计算时间复杂性,即$O(T_m \times N \times O(f))$。

4.2.6 ABC_CM 算法的伪代码

ABC_CM 算法有 4 个关键部分:①根据竞争原则,个体与当前最优值之间的差异,设计了一个新的选择概率;②结合记忆能力、种群多样性和高质量邻居机制,构建了适用于雇佣蜂和观察蜂阶段的移动方程;③为了增强维度扰动,基于个体与当前最优值之间的维度差异,提出了一种多维扰动策略;④通过添加全局潜在个体和废弃食源信息,设计了一种新的产生废弃解的替代解方程。ABC_CM 算法的伪代码如表 4-1 所示,其中 FEs 表示计算函数值的次数,MaxFEs 表示最大函数值计算次数。

表 4-1 ABC_CM 的伪代码

算法 1　ABC_CM 的伪代码

---

1. 初始化种群大小 ps,产生初始种群,找到种群最优解 x_g

2. 置 $FEs=ps, trail_i=0, PR_i=0, \alpha, i=1,2,\cdots,N$;

3 当 $FEs \leqslant MaxFEs$ 时

// 雇佣蜂阶段

4. 对于 $i=1:ps$

5. 选择高质量食物源 x_N;

6 计算扰动维度的数量 Num_d;

7. 由式(4-4)产生新位置 v_i;计算 $f(v_i)$,且 $FEs++$;

8. 使用贪婪规则选择出新解 x_i

9. 更新 $trial_i$ 和 PR_i

10. 由式(4-3)计算 $Prob_i$

11. 由式(4-5)和式(4-6)计算

// 观察蜂阶段

12. 对于 $i=1:ps$

13 为 x_i 选择高质量邻居 x_N;计算出扰动维度的数量 Num_d

14. 由式(4-7)产生新位置 v_i;.计算 $f(v_i)$,且 $FEs++$

15. 使用贪婪规则选择出新解 x_i

16. 更新 $trial_i$ 和 PR_i

17. 由式(4-10)确定全局潜在 x_p

// 侦查蜂阶段

18. 如果 $Max(trial_i) > limit$

19. 置 $trial_i=0$;并由(4-11)产生新解 x_{ind}

20. 计算 $f(v_i)$,且 $FEs++$

21. 输出最优解,算法终止

4.3 数值实验

为了验证 ABC_CM 的有效性，本节从 CEC2104 测试集中选取了 28 个不同类型的基准函数和 14 个复杂函数作数值模拟。$f_1 \sim f_{10}$ 是单峰函数，f_7 是不连续的阶跃函数，f_9 是一个有噪声的四次函数，对于 f_{10}，当 $D=2$ 和 $D=3$ 时是单峰函数，而当 $D>3$ 时，它可能具有多个最优解，$f_{11} \sim f_{22}$ 是多模函数，其计算难度随维数呈指数级增加，$f_{23} \sim f_{28}$ 是旋转和平移函数。具体细节见表 $4-2$，所有算法和实验均在 Matlab R2017a 上进行。

表 4－2　28 个基准测试函数

函数名	函数表达式	区间	最优值	类型
Sphere	$f_1 = \sum_{i=1}^{n} x_i^2$	$[-100,100]^n$	0	U
Elliptic	$f_2 = \sum_{i=1}^{n} 10^{6\frac{i-1}{n-1}} x_i^2$	$[-100,100]^n$	0	U
SumSquare	$f_3 = \sum_{i=1}^{n} i x_i^2$	$[-10,10]^n$	0	U
SumPower	$f_4 = \sum_{i=1}^{n} \mid x_i \mid^{i+1}$	$[-1,1]^n$	0	U
Schwefel 2.21	$f_5 = \max\{\mid x_i \mid, 1 \leqslant i \leqslant n\}$	$[-100,100]^n$	0	U
Schwefel 2.22	$f_6 = \sum_{i=1}^{n} \mid x_i \mid + \prod_{i=1}^{n} \mid x_i \mid$	$[-10,10]^n$	0	U
Step	$f_7 = \sum_{i=1}^{n} (x_i + 0.5)^2$	$[-100,100]^n$	0	U
Exponential	$f_8 = \exp\left(-0.5 \sum_{i=1}^{n} x_i^2\right)$	$[-10,10]^n$	0	U
Quartic	$f_9 = \sum_{i=1}^{n} i x_i^4 + \text{random}[0,1]$	$[-1.28,1.28]^n$	0	U
Rosenbrock	$f_{10} = \sum_{i=1}^{n-1} [100(x_{i+1} - x_i^2)^2 + (x_i - 1)^2]$	$[-5,5]^n$	0	U
Rastrigin	$f_{11} = \sum_{i=1}^{n} [x_i^2 - 10\cos(2\pi x_i) + 10]$	$[-5.12,5.12]^n$	0	M
Schwefel 2.26	$f_{12} = -\sum_{i=1}^{n} x_i \sin(\sqrt{\mid x_i \mid})$	$[-500,500]^n$	$418.98 * D$	M

表 4 - 2(续)

函数名	函数表达式	区间	最优值	类型
NCRastrigin	$f_{13} = \sum\limits_{i=1}^{n} \left[y_i^2 - 10\cos(2\pi y_i) + 10 \right]$，$\begin{cases} y_i = x_i, & \lvert x_i \rvert < \dfrac{1}{2} \\ y_i = \dfrac{2x_i}{2}, & \lvert x_i \rvert \geqslant \dfrac{1}{2} \end{cases}$	$[-5.12, 5.12]^n$	0	M
Griewank	$f_{14} = \dfrac{1}{4000} \sum\limits_{i=1}^{n} x_i - \prod\limits_{i=1}^{n} \cos\dfrac{x_i}{\sqrt{i}} + 1$	$[-600, 600]^n$	0	M
Ackley	$f_{15} = 20 + \mathrm{e} - 20\exp\left(-0.2 * \sqrt{\dfrac{\sum\limits_{i=1}^{n} x_i^2}{n}} \right)$ $- \exp\left[\sum\limits_{i=1}^{n} \cos(2\pi x_i)/n \right]$	$[-32, 32]^n$	0	M
Penalized 1	$f_{16} = \dfrac{\pi}{n} \{ 10\sin^2(\pi y_1) + \sum\limits_{i=1}^{n-1} (y_i - 1)^2 [1 + 10\sin^2(\pi y_{i+1})] \} + \sum\limits_{i=1}^{n} u(x_i, 10, 100, 4)$，其中 $y_i = 1 + \dfrac{1}{4}(x_i + 1)$ $u(x_i, a, k, m) = \begin{cases} k(x_i - a)^m, & x_i > a \\ 0, & -a \leqslant x_i \leqslant a \\ k(-x_i - a)^m, & x_i < -a \end{cases}$	$[-50, 50]^n$	0	M
Penalized 2	$f_{17} = \dfrac{1}{10} \{ \sin^2(\pi x_1) + \sum\limits_{i=1}^{n-1} (x_i - 1)^2 [1 + \sin^2(3\pi x_{i+1})] + (x_n - 1)^2 [1 - \sin^2(2\pi x_{i+1})] \} + \sum\limits_{i=1}^{n} u(x_i, 5, 100, 4)$ $u(x_i, a, k, m) = \begin{cases} k(x_i - a)^m, & x_i > a \\ 0, & -a \leqslant x_i \leqslant a \\ k(-x_i - a)^m, & x_i < -a \end{cases}$	$[-50, 50]^n$	0	M
Alpine	$f_{18} = \sum\limits_{i=1}^{n} \lvert x_i \sin(x_i) + 0.1x_i \rvert$	$[-10, 10]^n$	0	M
Lévy	$f_{19} = \sum\limits_{i=1}^{n-1} (x_i - 1)^2 [1 + \sin^2(3\pi x_{i+1})] + \sin^2(3\pi_1) + \lvert x_n - 1 \rvert [1 + \sin^2(3\pi x_n)]$	$[-10, 10]^n$	0	M

表 4 - 2(续)

函数名	函数表达式	区间	最优值	类型
Weierstrass	$f_{20} = \sum_{i=1}^{n} \left\{ \sum_{k=0}^{k_{max}} \left[a^k \cos(2\pi b^k (x_i + 0.5)) \right] \right\} - n \sum_{k=0}^{k_{max}} \left[a^k \cos(2\pi b^k 0.5) \right]$ 式中,$a = 0.5, b = 3, k_{max} = 20$	$[-1,1]^n$	0	M
Himmelblau	$f_{21} = \dfrac{1}{n} \sum_{i=1}^{n} (x_i^4 - 16x_i^2 + 5x_i)$	$[-5,5]^n$	-78.33	M
Michalewicz	$f_{22} = -\sum_{i=1}^{n} \sin(x_i) \sin^{20}\left(\dfrac{i x_i^2}{\pi} \right)$	$[0,\pi]^n$	$-D$	M
Rotated Sphere	$f_{23} = \sum_{i=1}^{n} z_i^2, z = Mx$	$[-100,100]^n$	0	U
Rotated Ackley	$f_{24} = 20 + e - 20\exp\left(-0.2 \times \sqrt{\dfrac{\sum_{i=1}^{n} z_i^2}{n}} \right) - \exp\left[\dfrac{\sum_{i=1}^{n} \cos(2\pi z_i)}{n} \right], z = Mx$	$[-32,32]^n$	0	M
Shifted Rastrigin	$f_{25} = \sum_{i=1}^{n} \left[z_i^2 - 10\cos(2\pi z_i) + 10 \right] - 450$ 式中,$z = x - o$	$[-5.12,5.12]^n$	-450	M
Shifted Rosenbrock	$f_{26} = \sum_{i=1}^{n-1} \left[100(z_{i+1} - z_i^2)^2 + (z_i - 1)^2 \right] - 330$ 式中,$z = x - o$	$[-5,5]^n$	-330	U
Shifted and Rotated Rosenbrock	$f_{27} = \sum_{i=1}^{n-1} \left[100(z_{i+1} - z_i^2)^2 + (z_i - 1)^2 \right] - 330$ 式中,$z = M(x - o)$	$[-5,5]^n$	-330	U
Shifted and Rotated Weierstrass	$f_{28} = \sum_{i=1}^{n} \left\{ \sum_{k=0}^{k_{max}} \left[a^k \cos(2\pi b^k (z_i + 0.5)) \right] \right\} - n \sum_{k=0}^{k_{max}} \left[a^k \cos(2\pi b^k 0.5) \right] + 90, z = M(x - o)$ 式中,$a = 0.5, b = 3, k_{max} = 20$	$[-1,1]^n$	90	M

表 4-3　CEC2014 中选取的复杂测试函数

函数名	类　型	区　间	最优值 $f(x^*)$
F_1	Hybrid Function 1($N=3$)	$[-100,100]^n$	1700
F_2	Hybrid Function 2($N=3$)	$[-100,100]^n$	1800
F_3	Hybrid Function 3($N=4$)	$[-100,100]^n$	1900
F_4	Hybrid Function 4($N=4$)	$[-100,100]^n$	2000
F_5	Hybrid Function 5($N=5$)	$[-100,100]^n$	2100
F_6	Hybrid Function 6($N=5$)	$[-100,100]^n$	2200
F_7	Composition Function 1($N=5$)	$[-100,100]^n$	2300
F_8	Composition Function 2($N=3$)	$[-100,100]^n$	2400
F_9	Composition Function 3($N=3$)	$[-100,100]^n$	2500
F_{10}	Composition Function 4($N=5$)	$[-100,100]^n$	2600
F_{11}	Composition Function 5($N=5$)	$[-100,100]^n$	2700
F_{12}	Composition Function 6($N=5$)	$[-100,100]^n$	2800
F_{13}	Composition Function 7($N=3$)	$[-100,100]^n$	2900
F_{14}	Composition Function 8($N=3$)	$[-100,100]^n$	3000

本节包含 4 个实验：①α 的灵敏度测试；②分析不同策略的有效性；③ABC _CM 与其他 6 种 ABC 改进算法的比较；④CEC2014 中复杂函数的比较结果. 前 3 个实验在 28 个基准函数上进行的，参数 $N=50$，$limit=0.5*N*D$，$MaxFEs=5000*D$。

4.3.1　α 的灵敏度测试

正如文献[118][120]所指出的，维度扰动频率可以增强 ABC 的开发能力. 在 ABC_CM 中，α 控制着每个观察蜂的维度扰动数量。为了获得适当的 α，我们测试了 α 分别为 0.2、0.4、0.5、0.6、0.8 和 1 的情况。在本实验中，使用平均最佳值(mean)作为评价指标。表 4-4 显示了在 $D=30$ 的情况下，对每个函数 ABC_CM 运行 30 次所获得的详细结果。从表 4-4 中可以看出，对于 $f_1 \sim f_{15}$，除 f_{10} 之外，随着 α 的增加，ABC_CM 的性能逐渐增强，这表明对于一些单目标和多目标函数，维数越多的扰动越有效。尽管 $\alpha=1$ 表现良好，但在处理复杂函数 f_{16}，f_{17}，f_{19}，f_{21} 时，它不如 $\alpha=0.2$。此外，对于平移函数 f_{25}，f_{26}，

f_{28}，$\alpha=0.2$ 获得了最好的结果。这表明,这些具有复杂结构的函数更适合于少量的维度扰动。总的来看,$\alpha=0.2,0.4,0.5,0.6,0.8,1$ 在 28 个函数上的获胜次数分别为 $16/28$、$8/28$、$8/28$、$8/28$ 和 $20/28$。基于上述讨论,采用 $\alpha=1$ 作为最终参数。

表 4-4   ABC_CM 在不同 α 取值时的比较结果

函数	指标	$\alpha=0.2$	$\alpha=0.4$	$\alpha=0.5$	$\alpha=0.6$	$\alpha=0.8$	$\alpha=1.0$
f_1	Mean	2.98e−89	1.08e−130	3.69e−156	1.97e−192	1.09e−276	0
f_2	Mean	6.62e−42	5.82e−59	5.64e−75	1.98e−101	6.62e−186	**2.92e−301**
f_3	Mean	2.11e−83	4.61e−129	6.43e−157	4.00e−190	1.37e−275	0
f_4	Mean	4.04e−09	2.05e−10	9.59e−12	4.00e−14	3.84e−16	**1.01e−81**
f_5	Mean	3.82e−13	8.65e−17	7.97e−28	5.71e−43	9.91e−85	**1.00e−145**
f_6	Mean	1.13e−47	7.00e−72	5.90e−86	7.79e−104	7.83e−146	**7.16e−204**
f_7	Mean	0	0	0	0	0	0
f_8	Mean	0	0	0	0	0	0
f_9	Mean	2.08e−03	1.83e−03	1.20e−03	9.12e−04	5.26e−04	**2.69e−04**
f_{10}	Mean	**1.87e+01**	1.92e+01	1.93e+01	2.00e+01	2.06e+01	2.12e+01
f_{11}	Mean	0	0	0	0	0	0
f_{12}	Mean	−9.43e+03	−8.59e+03	−8.74e+03	−8.66e+03	−9.86e+03	**−1.08e+04**
f_{13}	Mean	0	0	0	0	0	0
f_{14}	Mean	0	0	0	0	0	0
f_{15}	Mean	4.44e−15	5.86e−15	4.44e−15	4.44e−15	2.31e−15	**8.88e−16**
f_{16}	Mean	**1.57e−32**	2.50e−32	2.84e−32	2.60e−32	1.88e−31	9.80e−28
f_{17}	Mean	**2.20e−03**	2.20e−03	8.79e−03	1.54e−02	4.80e−02	7.38e−02
f_{18}	Mean	2.54e−58	3.95e−16	1.30e−16	1.40e−10	5.23e−148	**2.65e−200**
f_{19}	Mean	**1.55e−28**	1.65e−13	4.39e−02	4.39e−02	1.96e−01	2.20e−02
f_{20}	Mean	0	0	0	0	0	0
f_{21}	Mean	**−7.83e+01**	**−7.83e+01**	−7.81e+01	−7.81e+01	−7.81e+01	−7.70e+01
f_{22}	Mean	**−2.94e+01**	−2.90e+01	−2.89e+01	−2.88e+01	−2.84e+01	−2.87e+01
f_{23}	Mean	1.70e−62	8.05e−107	4.38e−137	5.83e−173	6.08e−260	0
f_{24}	Mean	7.99e−15	4.44e−15	4.44e−15	4.44e−15	2.31e−15	**8.88e−16**
f_{25}	Mean	**−4.48e+02**	−4.46e+02	−4.36e+02	−4.39e+02	−4.30e+02	−4.38e+02

表 4-4(续)

函数	指标	$\alpha=0.2$	$\alpha=0.4$	$\alpha=0.5$	$\alpha=0.6$	$\alpha=0.8$	$\alpha=1.0$
f_{26}	Mean	**−3.08e+02**	−3.07e+02	−3.06e+02	−2.97e+02	−2.90e+02	−3.04e+02
f_{27}	Mean	**−3.02e+02**	**−3.02e+02**	**−3.02e+02**	**−3.02e+02**	**−3.02e+02**	**−3.02e+02**
f_{28}	Mean	**9.00e+01**	9.06e+01	9.05e+01	9.10e+01	9.09e+01	9.08e+01
Win Times	Mean	16/28	8/28	7/28	7/28	7/28	19/28

注:最优结果由黑体标识。

4.3.2 不同策略有效性的分析

在 ABC_CM 中,有 4 种策略:①基于竞争原则的选择概率(NSP);②基于高质量邻居和记忆因子(NME)的新移动方程;③基于维度差异的维度扰动(DD);④潜在解策略(PSS)。为了研究这些策略的效果,每种策略都与 ABC 相结合进行了独立测试。然后,测试了 6 种不同的算法 ABC、ABC+SP、ABC +NME、ABC+DD、ABC+PSS 和 ABC_CM(ABC+NSP+NME+DD+ PSS)。平均结果是通过在 28 个测试函数上运行每个算法 30 次获得的($n=30$),计算结果见表 4-5。

表 4-5 不同策略组合时的比较结果

函数	指标	ABC	ABC+NSP	ABC+NME	ABC+DD	ABC+PSS	ABC_CM
f_1	Mean	4.58e−17	2.85e−21	1.12e−33	4.52e−07	2.68e−17	0
f_2	Mean	7.60e−10	2.25e−17	4.06e−33	1.75e+01	7.31e−10	**2.83e−296**
f_3	Mean	8.39e−19	6.91e−22	4.29e−38	1.44e−08	2.21e−19	0
f_4	Mean	4.44e−32	1.63e−31	3.52e−71	4.49e−33	1.74e−30	**9.58e−83**
f_5	Mean	9.30e+00	1.38e+01	1.58e+01	1.65e+01	8.61e+00	**1.59e−145**
f_6	Mean	1.25e−10	1.22e−11	4.30e−19	1.89e−01	1.19e−10	6.64e−200
f_7	Mean	0	0	0	1.22e+01	0	0
f_8	Mean	0	0	0	0	0	0
f_9	Mean	5.05e−02	6.63e−02	2.54e−02	5.75e−02	4.83e−02	**2.94e−04**
f_{10}	Mean	7.17e−02	4.20e−01	4.52e+00	3.14e+01	**2.38e−02**	2.14e+01
f_{11}	Mean	1.10e−14	6.51e−11	0	1.52e+01	1.17e−14	0

表 4 - 5(续)

函数	指标	ABC	ABC+NSP	ABC+NME	ABC+DD	ABC+PSS	ABC_CM
f_{12}	Mean	**−1.25e+04**	**−1.25e+04**	−1.21e+04	−1.03e+04	−1.25e+04	−1.02e+04
f_{13}	Mean	4.34e−13	6.04e−08	0	1.62e+01	1.13e−13	0
f_{14}	Mean	2.43e−12	3.72e−15	0	1.01e−01	1.20e−13	0
f_{15}	Mean	9.16e−10	4.47e−10	4.21e−14	5.44e+00	1.27e−09	**8.88e−16**
f_{16}	Mean	5.27e−19	8.55e−22	8.29e−20	4.57e−01	3.14e−19	**5.27e−28**
f_{17}	Mean	3.31e−17	**5.17e−20**	9.14e−19	1.72e+00	1.08e−17	6.88e−02
f_{18}	Mean	5.47e−06	4.93e−06	9.92e−07	1.35e−02	3.01e−06	**4.35e−201**
f_{19}	Mean	1.75e−13	9.67e−15	**1.50e−18**	1.27e+00	1.17e−13	4.84e−01
f_{20}	Mean	4.01e−03	4.90e−03	0	0	3.45e−03	0
f_{21}	Mean	**−7.83e+01**	**−7.83e+01**	**−7.83e+01**	−7.26e+01	**−7.83e+01**	−7.76e+01
f_{22}	Mean	−2.94e+01	−2.94e+01	**−2.96e+01**	−2.86e+01	−2.94e+01	−2.87e+01
f_{23}	Mean	5.91e−21	3.68e−23	6.85e−35	6.86e−08	1.84e−20	0
f_{24}	Mean	1.40e−11	8.69e−12	3.39e−14	7.57e−01	1.28e−11	**8.88e−16**
f_{25}	Mean	**−4.50e+02**	**−4.50e+02**	**−4.50e+02**	−3.39e+02	**−4.50e+02**	−4.28e+02
f_{26}	Mean	−2.91e+02	−2.81e+02	−2.89e+02	−2.36e+02	−2.83e+02	**−3.06e+02**
f_{27}	Mean	−3.02e+02	−3.02e+02	−3.02e+02	−3.02e+02	−3.02e+02	**−3.02e+02**
f_{28}	Mean	**9.00e+01**	**9.00e+01**	**9.00e+01**	9.64e+01	**9.00e+01**	9.03e+01

注:最优结果由黑体标识。

由表 4 - 5 可以看到,NSP 策略略微提高了 ABC 在 19 个函数上的能力。第二种策略 NME,对除 f_9、f_{10}、f_{12} 和 f_{26} 之外的所有函数,它可以显著提高 ABC 的优化效果。策略 DD 降低了 ABC 在 23 个函数上的性能,这可能是原始移动方程的限制。尽管策略 PSS 是有效的,但它并没有实现显著性的改进。NSP 策略能够改善 ABC 算法的主要原因可能是基于竞争机制的概率可以更有效地选择出优秀的个体进行挖掘。第二种最有效的策略是 NME,这意味着高质量解和记忆能力会对 ABC 的性能产生较大影响。将 ABC 与 4 种策略 ABC+NSP+NME+DD+PSS 相结合,即为本章方法 ABC_CM。正如我们所看到的,ABC_CM 显著优于 ABC、ABC+NSP、ABC+NME、ABC+DD 和 ABC+PSS,实验结果验证了所提出策略的有效性。

4.3.3 ABC_CM 与其他 6 种 ABC 改进算法的比较

为了测试 ABC_CM 的综合性能,将其与 6 种(NABC、AABC、ASDABC、LFABC、GABC、KFABC)优秀的 ABC 改进算法进行了比较,所有比较算法的细节和参数设置见表 4 - 6。

表 4 - 6 不同 ABC 算法的参数设置

算 法	参数设置
NABC:Best neighbor-guided ABC	Neighbor$=5$
AABC:Adaptive greedy position update ABC	$\Delta=1$
ASDABC:Adaptive search manner and dimension perturbation ABC	NDP$=D/2$
LFABC:Lěvy flight ABC	$C=1.5$,$\beta=2$,$\varepsilon=15$,$P_r=0.2$
GABC:Gbest-guided ABC	$C=1.5$
KFABC:ABC based on knowledge fusion	$\rho=0.1$
ABC_CM:ABC with competition principle and memory ability$\alpha=1$	$\alpha=1$

在本小节中,分别在 $n=30$ 和 $n=50$ 这 2 个不同的维度下进行比较实验。表 4 - 7 ($n=30$)和表 4 - 8 ($n=50$)列出了表 4 - 2 中的每个函数运行 30 次所得的结果。Wilcoxon 秩和检验被用作统计指标以评估两种算法在 0.05 的置信水平下是否存在显著差异。如果 p 值小于 0.05,则意味着 2 对比较算法存在显著性差异。"+""="和"-"表示 ABC_CM 比其竞争对手较差、相差不大、较好。

表 4 - 7 不同算法在 30 维下的比较结果

函数	指标	NABC	AABC	ASDABC	LFABC	GABC	KFABC	ABC_CM
f_1	Mean	6.08e−38	1.16e−40	1.26e−58	2.13e−32	8.02e−23	1.39e−12	0
	Rank	4	3	2	5	6	7	1
	Wilcoxon	+	+	+	+	+	+	
f_2	Mean	1.00e−30	5.50e−37	2.49e−54	5.68e−26	5.51e−12	8.29e−31	**4.30e−288**
	Rank	5	3	2	9	7	4	1
	Wilcoxon	+	+	+	+	+	+	

表 4 - 7(续)

函数	指标	NABC	AABC	ASDABC	LFABC	GABC	KFABC	ABC_CM
f_3	Mean	1.52e−39	1.28e−41	3.02e−57	9.77e−34	7.33e−25	6.96e−10	0
	Rank	4	3	2	5	6	7	1
	Wilcoxon	+	+	+	+	+	+	
f_4	Mean	5.01e−72	6.13e−51	3.60e−81	5.60e−51	1.69e−42	4.69e−22	**1.10e−84**
	Rank	3	5	2	4	6	7	1
	Wilcoxon	+	+	+	+	+	+	
f_5	Mean	3.30e+00	3.36e+00	3.11e+00	2.97e+00	4.93e+00	1.78e+00	**3.35e−145**
	Rank	5	6	4	3	7	2	1
	Wilcoxon	+	+	+	+	+	+	
f_6	Mean	4.10e−20	8.83e−22	2.21e−31	9.82e−18	8.94e−14	2.57e−04	**9.36e−200**
	Rank	4	3	2	5	6	7	1
	Wilcoxon	+	+	+	+	+	+	
f_7	Mean	0	0	0	0	0	0	0
	Rank	1	1	1	1	1	1	1
	Wilcoxon	=	=	=	=	=	=	
f_8	Mean	0	0	0	0	0	0	0
	Rank	1	1	1	1	1	1	1
	Wilcoxon	=	=	=	=	=	=	
f_9	Mean	1.35e−02	2.62e−02	5.76e−03	3.13e−02	1.8Ie−02	1.27e−02	**3.00e−04**
	Rank	4	6	2	7	5	3	1
	Wilcoxon	+	+	+	+	+	+	
f_{10}	Mean	6.51e−01	1.03e−01	3.14e+01	4.23e+00	**7.33e−02**	4.69e+00	2.13e+01
	Rank	3	2	7	4	1	5	6
	Wilcoxon	−	−	=	−	−	−	
f_{11}	Mean	0	0	8.69e+00	0	0	1.96e−06	0
	Rank	1	1	3	1	1	2	1
	Wilcoxon	=	=	+	=	=	+	
f_{12}	Mean	**−1.26e+04**	**−1.26e+04**	−1.18e+04	**−1.26e+04**	**−1.26e+04**	**−1.26e+04**	−9.75e+03
	Rank	1	1	2	1	1	1	3
	Wilcoxon	−	−	=	−	−	−	

表 4－7(续)

函 数	指 标	NABC	AABC	ASDABC	LFABC	GABC	KFABC	ABC_CM
f_{13}	Mean	0	0	7.67e＋00	0	0	2.12e－03	0
	Rank	1	1	3	1	1	2	1
	Wilcoxon	＝	＝	＋	＝	－	＋	
f_{14}	Mean	0	1.11e－17	1.11e－02	7.39e－13	2.31e－06	1.07e－08	0
	Rank	1	2	6	3	5	4	1
	Wilcoxon	＝	＋	＋	＋	＋	＋	
f_{15}	Mean	3.63e－14	3.71e－14	2.71e－01	3.59e－14	3.15e－13	2.37e－14	8.88e－16
	Rank	4	5	7	3	6	2	1
	Wilcoxon	＋	＋	＋	＋	＋	＋	
f_{16}	Mean	**1.57e－32**	**1.57e－32**	3.46e－03	**1.57e－32**	2.37e－25	**1.57e－32**	1.57e－26
	Rank	1	1	4	1	3	1	2
	Wilcoxon	－	－	＋	－	＋	－	
f_{17}	Mean	**1.35e－32**	**1.35e－32**	7.32e－04	**1.35e－32**	4.58e－23	**1.35e－32**	3.72e－07
	Rank	1	1	4	1	2	1	3
	Wilcoxon	－	－	＋	－	－	－	
f_{18}	Mean	7.96e－09	4.06e－22	2.38e－15	6.71e－07	1.60e－06	1.07e－05	7.18e－198
	Rank	4	2	3	5	6	7	1
	Wilcoxon	＋	＋	＋	＋	＋	＋	
f_{19}	Mean	**1.35e－31**	**1.35e－31**	1.95e－19	1.61e－31	7.85e－25	8.29e－12	4.25e－01
	Rank	1	1	4	2	3	5	6
	Wilcoxon	－	－	－	－	－	－	
f_{20}	Mean	0	0	0	0	0	0	0
	Rank	1	1	1	1	1	1	1
	Wilcoxon	＝	＝	＝	＝	＝	＝	
f_{21}	Mean	**－7.83e＋01**	**－7.83e＋01**	－7.58e＋01	**－7.83e＋01**	**－7.83e＋01**	**－7.83e＋01**	－7.71e＋01
	Rank	1	1	3	1	1	1	2
	Wilcoxon	－	－	＋	－	－	－	
f_{22}	Mean	－2.94e＋01	－2.92e＋01	－2.87e＋01	**－2.95e＋01**	**－2.95e＋01**	**－2.95e＋01**	－2.82e＋01
	Rank	2	3	4	1	1	1	5
	Wilcoxon	－	－	－	－	－	－	

表 4 - 7(续)

函数	指标	NABC	AABC	ASDABC	LFABC	GABC	KFABC	ABC_CM
f_{23}	Mean	3.64e−41	6.38e−43	4.81e−57	4.87e−35	7.55e−27	4.78e−15	0
	Rank	4	3	2	5	6	7	1
	Wilcoxon	+	+	+	+	+	+	
f_{24}	Mean	3.94e−14	3.26e−14	2.64e−12	3.18e−14	2.80e−14	5.00e−11	**8.88e−16**
	Rank	5	4	6	3	2	7	1
	Wilcoxon	+	+	+	+	+	+	
f_{25}	Mean	−4.50e+02	−4.50e+02	−4.38e+02	−4.50e+02	−4.50e+02	−4.50e+02	−4.29e+02
	Rank	1	1	2	1	1	1	3
	Wilcoxon	=	=	=	=	=	=	
f_{26}	Mean	−3.00e+02	−3.01e+02	−2.96e+02	−3.03e+02	**−3.08e+02**	−2.99e+02	−3.02e+02
	Rank	5	4	7	2	1	6	3
	Wilcoxon	+	+	=	+	+		
f_{27}	Mean	−3.02e+02	−3.02e+02	−3.02e+02	−3.02e+02	−3.02e+02	−3.02e+02	−3.02e+02
	Rank	1	1	1	1	1	1	1
	Wilcoxon	=	=	=	=	=	=	
f_{28}	Mean	**9.00e+01**	**9.00e+01**	9.04e+01	**9.00e+01**	**9.00e+01**	**9.00e+01**	9.14e+01
	Rank	1	1	2	1	1	1	3
	Wilcoxon	−	−	−	−	−	−	
+/−/=		11/8/9	13/8/7	17/3/8	13/8/7	14/7/7	14/8/6	82/42/44
Mean rank		2.5	2.39	3.18	2.71	3.11	3.39	1.96

注:最优结果由黑体标识。

表 4 - 8 不同算法在 50 维下的比较结果

函数	指标	NABC	AABC	ASDABC	LFABC	GABC	KFABC	ABC_CM
f_1	Mean	5.92e−37	5.11e−39	1.88e−39	3.71e−31	6.00e−22	2.40e−10	0
	Rank	4	3	2	5	6	7	1
	Wilcoxon	+	+	+	+	+	+	
f_2	Mean	1.90e−29	2.82e−36	6.58e−34	7.17e−25	3.39e−11	7.72e−02	0
	Rank	4	2	3	5	6	7	1
	Wilcoxon	+	+	+	+	+	+	

表 4 - 8(续)

函数	指标	NABC	AABC	ASDABC	LFABC	GABC	KFABC	ABC_CM
f_3	Mean	3.64e−38	7.80e−41	4.06e−37	3.64e−32	2.32e−23	4.33e−19	0
	Rank	3	2	4	5	6	7	1
	Wilcoxon	+	+	+	+	+	+	
f_4	Mean	1.72e−70	4.87e−51	8.82e−73	2.10e−51	2.04e−42	5.29e−17	**8.47e−86**
	Rank	3	5	2	4	6	7	1
	Wilcoxon	+	+	+	+	+	+	
f_5	Mean	1.35e+01	1.46e+01	1.22e+01	1.30e+01	1.93e+01	9.02e+00	**2.52e−232**
	Rank	5	6	3	4	7	2	1
	Wilcoxon	+	+	+	+	+	+	
f_6	Mean	3.37e−19	2.62e−21	2.65e−14	5.68e−17	3.51e−13	1.82e−06	4.94e−322
	Rank	3	2	5	4	6	7	1
	Wilcoxon	+	+	+	+	+	+	
f_7	Mean	0	0	7.00e−01	0	0	0	0
	Rank	1	1	2	1	1	1	1
	Wilcoxon	=	=	+	=	=	=	
f_8	Mean	0	0	0	0	0	0	0
	Rank	1	1	1	1	1	1	1
	Wilcoxon	=	=	=	=	=	=	
f_9	Mean	3.73e−02	5.44e−02	1.60e−02	3.08e−02	8.41e−02	3.67e−02	**1.88e−04**
	Rank	5	6	2	3	7	4	1
	Wilcoxon	+	+	+	+	+	+	
f_{10}	Mean	1.61e+01	2.86e−01	5.12e+01	1.46e+01	**2.89e−01**	1.15e+01	4.06e+01
	Rank	5	2	7	4	1	3	6
	Wilcoxon	−	−	=	−	−	−	
f_{11}	Mean	0	0	3.37e+01	0	0	7.35e−03	0
	Rank	1	1	3	1	1	2	1
	Wilcoxon	=	=	+	=	=	+	
f_{12}	Mean	**−2.09e+04**	**−2.09e+04**	−1.84e+04	**−2.09e+04**	**−2.09e+04**	**−2.09e+04**	−1.87e+04
	Rank	1	1	3	1	1	1	2
	Wilcoxon	−	−	+	−	−	−	

表 4 - 8(续)

函 数	指 标	NABC	AABC	ASDABC	LFABC	GABC	KFABC	ABC_CM
f_{13}	Mean	0	0	2.50e+01	0	0	2.17e−04	0
	Rank	1	1	3	1	1	2	1
	Wilcoxon	=	=	+	=	−	+	
f_{14}	Mean	0	4.63e−14	5.46e−02	7.17e−13	1.67e−17	5.57e−09	0
	Rank	1	3	6	4	2	5	1
	Wilcoxon	=	+	+	+	+	+	
f_{15}	Mean	6.20e−14	8.74e−14	2.62e+00	5.16e−14	6.70e−13	4.46e−14	**8.88e−16**
	Rank	4	5	7	3	6	2	1
	Wilcoxon	+	+	+	+	+	+	
f_{16}	Mean	**9.42e−33**	**9.42e−33**	1.13e−01	9.38e−33	1.17e−24	5.07e−10	4.15e−03
	Rank	1	1	6	2	3	4	5
	Wilcoxon	−	−	+	−	−	−	
f_{17}	Mean	**1.35e−32**	**1.35e−32**	2.64e−01	1.38e−31	3.40e−22	2.57e−10	1.08e−02
	Rank	1	1	6	2	3	4	5
	Wilcoxon	−	−	+	−	−	−	
f_{18}	Mean	8.17e−08	1.72e−21	9.89e−12	6.98e−06	9.67e−06	3.26e−05	0
	Rank	4	2	3	5	6	7	1
	Wilcoxon	+	+	+	+	+	+	
f_{19}	Mean	**1.35e−31**	**1.35e−31**	1.65e−02	2.95e−31	9.71e−24	3.81e−21	1.16e−03
	Rank	1	1	6	2	3	4	5
	Wilcoxon	−	−	+	−	−	−	
f_{20}	Mean	0	0	0	0	0	0	0
	Rank	1	1	1	1	I	1	1
	Wilcoxon	=	=	−	−	=	=	
f_{21}	Mean	**−7.83e+01**	**−7.83e+01**	−7.30e+01	**−7.83e+01**	**−7.83e+01**	**−7.83e+01**	−7.79e+01
	Rank	1	1	3	1	1	1	2
	Wilcoxon	−	−	+	−	−	−	
f_{22}	Mean	−4.94e+01	**−4.96e+01**	−4.71e+01	−4.93e+01	−4.93e+01	−4.95e+01	−4.72e+01
	Rank	3	1	6	4	4	2	5
	Wilcoxon	−	−	=	−	−	−	

表 4-8(续)

函数	指标	NABC	AABC	ASDABC	LFABC	GABC	KFABC	ABC_CM
f_{23}	Mean	3.21e−39	2.15e−42	1.94e−39	6.04e−34	2.17e−26	5.78e−29	0
	Rank	4	2	3	5	7	6	I
	Wilcoxon	+	+	+	+	+	+	
f_{24}	Mean	5.61e−14	5.77e−14	2.59e−01	4.27e−14	1.08e−13	9.36e−10	**8.88e−16**
	Rank	3	4	7	2	5	6	1
	Wilcoxon	+	+	+	+	+	+	
f_{25}	Mean	**−450**	**−450**	−3.96e+02	**−450**	**−450**	**−450**	−4.09e+02
	Rank	1	1	3	1	1	1	2
	Wilcoxon	−	−	+	−	−	−	
f_{26}	Mean	−2.39e+02	−2.41e+02	−2.67e+02	**−2.68e+02**	−2.48e+02	−2.35e+02	−2,44e+02
	Rank	6	5	2	1	3	7	4
	Wilcoxon	+	+	−	+	−	+	
f_{27}	Mean	**−2.82e+02**	**−2.82e+02**	**−2.82e+02**	**−2.82e+02**	**−2.82e+02**	**−2.82e+02**	**−2.82e+02**
	Rank	1	1	1	1	1	1	1
	Wilcoxon	=	=	=	=	=	=	
f_{28}	Mean	**9.00e+01**	**9.00e+01**	9.20e+01	**9.00e+01**	**9.00e+01**	**9.00e+01**	9.13e+01
	Rank	1	1	3	1	1	1	2
	Wilcoxon	−	−	+	−	−	−	
+/−/=		11/9/8	11/9/8	22/1/5	12/9/7	11/9/8	13/9/6	80/46/42
Mean rank		2.5	2.25	3.68	2.75	3.43	3.67	2

注:最优结果由黑体标识。

表 4-9 不同 ABC 算法的 Friedman 排名

算法	$n=30$		$n=50$	
	Friedman 平均排名	Friedman 排名	Friedman 平均排名	Friedman 排名
NABC	3.57	3	3.36	3
AABC	3.5	2	3.16	1
ASDABC	4.82	6	5.21	7
LFABC	3.78	4	3.71	4
GABC	4.29	5	4.45	5
KFABC	4.61	7	4.82	6
ABC_CM	3.42	1	3.28	2

表 4 - 7 和表 4 - 8 分别给出了 $n=30$ 和 $n=50$ 的比较结果,可以清楚地看到,ABC_CM 比其他 ABC 改进算法具有很强的竞争力。从这 2 个表的底部来看,ABC_CM 的平均秩分别为 1.96 和 2.ABC_CM 在比较算法中占据第一位。根据 Wilcoxon 检验,当 $n=30$ 时,ABC_CM 不输其他算法的总数为 124,当 $n=50$ 时,总数为 126。同时,表 4 - 9 中的 Friedman 平均排名显示 ABC_CM 分别获得第一和第二名。从排名结果来看,ABC_CM 取得了良好的效果。

对于表 4 - 7,除了 f_{10}、f_{12} 之外,ABC_CM 获得解的精度远高于其竞争对手。然而,当处理诸如 f_{16}、f_{17}、f_{19} 之类的复杂问题时,它的性能比 NABC、AABC 和 LFABC 差。对于 $f_{25} \sim f_{28}$,尽管它只是比 ASDABC 好,但 ABC_CM 非常接近平均值的最优值。具体而言,ABC_CM 的性能明显优于其竞争对手的函数个数,其分别为 11、13、17、13、14 和 14,而较差的函数个数分别为 8、8、3、8、7 和 8。这意味着 ABC_CM 的性能具有较强的竞争力。

对于表 4 - 8,ABC_CM 在 f_{26} 上仅比 ASDABC 差. 与 $n=30$ 相比,ABC_CM 获胜次数比 LFABC、GABC 和 KFAB 分别减少了 1、3 和 3,这意味着 ABC_CM 的性能随着维度的增加而受到影响,主要原因可能是基于差异的维度扰动机制造成的.

表 4 - 10 给出了每个算法获得最小值时的迭代次数,这些数据同样可以用于比较不同算法的收敛速度。由表中容易看出,当使用相同次数的迭代作为终止条件时,ABC_CM 可以在迭代次数较少时找到 f_1、f_3、f_7、f_8、f_{11}、f_{13}、f_{14}、f_{20} 和 f_{23} 的最优解,这意味着 ABC_CM 在求解这些函数时具有较快的收敛速度和准确性。对于最优值不为 0 的函数,尽管 ABC_CM 在收敛速度上没有表现出大的优势,但其精度相对较高。

表 4 - 10　不同算法所得最小值及相应的迭代次数

函数	维数	指标	NABC	AABC	ASDABC	LFABC	GABC	KFABC	ABC_CM
f_1	$n=30$	Min	5.01e−39	1.32e−41	5.06e−66	4.56e−33	1.02e−22	5.02e−19	0
		Iters	150000	150000	150000	150000	150000	150000	122050
	$n=50$	Min	1.21e−37	2.57e−40	1.13e−42	1.16e−31	8.76e−22	1.51e−53	0
		Iters	250000	250000	250000	250000	250000	250000	133050

表 4 - 10(续)

函数	维数	指标	NABC	AABC	ASDABC	LFABC	GABC	KFABC	ABC_CM
f_2	$n=30$	Min	6.73e−32	6.63e−38	4.11e−53	2.31e−26	1.72e−12	1.52e−52	7.62e−297
		Iters	150000	150000	150000	150000	150000	150000	150000
	$n=50$	Min	2.44e−29	1.18e−36	1.83e−38	1.37e−24	1.14e−11	4.37e−50	0
		Iters	250000	250000	250000	250000	250000	250000	157850
f_3	$n=30$	Min	1.53e−40	5.09e−41	4.74e−62	1.27e3−33	1.97e−25	1.43e−56	0
		Iters	150000	150000	150000	150000	150000	150000	124150
	$n=50$	Min	1.68e−38	3.85e−41	1.59e−39	9.39e−32	1.66e−23	3.36e−54	0
		Iters	250000	250000	250000	250000	250000	250000	128250
f_4	$n=30$	Min	5.41e−75	1.24e−49	1.08e−88	1.79e−55	9.15e−45	3.45e−58	1.17e−85
		Iters	150000	150000	150000	150000	150000	150000	150000
	$n=50$	Min	5.92e−73	1.02e−59	1.46e−85	9.94e−57	5.60e−49	2.28e−35	5.09e−89
		Iters	250000	250000	250000	250000	250000	250000	250000
f_5	$n=30$	Min	2.91	4.06	3.47	3.03	5.74	1.51	1.11e−146
		Iters	150000	150000	150000	150000	150000	150000	150000
	$n=50$	Min	1.51e+01	8.98	1.31e+01	1.45e+01	1.82e+01	9.77	3.82e−241
		Iters	250000	250000	250000	250000	250000	250000	250000
f_6	$n=30$	Min	3.76e−20	5.58e−22	1.39e−31	8.85ec−18	6.01−14	1.37e−29	1.90e−201
		Iters	150000	150000	150000	150000	150000	150000	150000
	$n=50$	Min	2.48e−19	1.54e−21	9.69e−25	3.93e−17	2.27e−13	6.17e−28	0
		Iters	250000	250000	250000	250000	250000	250000	244650
f_7	$n=30$	Min	0	0	0	0	0	0	0
		Iters	9950	16850	48791	10352	11150	13250	4750
	$n=50$	Min	0	0	3.12e−03	0	0	0	0
		Iters	25752	32650	250000	19947	21250	24950	4850
f_8	$n=30$	Min	0	0	0	0	0	0	0
		Iters	450	450	150	353	450	350	150
	$n=50$	Min	0	0	0	0	0	0	0
		Iters	150	150	150	150	150	150	150

表 4 - 10(续)

函数	维数	指标	NABC	AABC	ASDABC	LFABC	GABC	KFABC	ABC_CM
f_9	$n=30$	Min	4.59e−03	2.67e−02	4.93e−03	3.31e−02	3.28e−02	2.65e−02	2.91e−05
		Iters	150000	150000	150000	150000	150000	150000	150000
	$n=50$	Min	4.5Ie−02	6.82e−02	1.39e−02	7.01e−02	9.11e−02	4.56e−02	6.66e−05
		Iters	250000	250000	250000	250000	250000	250000	250000
f_{10}	$n=30$	Min	2.81e−01	7.73e−02	7.31e+01	1.80e−02	1.71e−01	2.17e−01	2.09e3+01
		Iters	150000	150000	150000	150000	150000	150000	150000
	$n=50$	Min	3.34e−02	5,70e−02	3.38e+01	2.42e+01	1.43e−03	7.83e+01	4.01e+01
		Iters	250000	250000	250000	250000	250000	250000	250000
f_{11}	$n=30$	Min	0	0	1.49e+01	0	0	0	0
		Iters	89850	70050	150000	104383	120750	54050	8650
	$n=50$	Min	0	0	3.08e+01	0	0	0	0
		Iters	142850	120050	250000	171548	205950	97250	7250
f_{12}	$n=30$	Min	−1.26e+04	−1.26e+04	−1.18e+04	−1.26e+04	−1.19e+04	−1.26e+04	−9.93e+03
		Iters	150000	150000	150000	150000	150000	150000	150000
	$n=50$	Min	−2.09e+04	−2.09e+04	−1.79e+04	−2.09e+04	−2.09e+04	−2.09e+04	−1.88e+04
		Iters	250000	250000	250000	250000	250000	250000	250000
f_{13}	$n=30$	Min	0	0	7.00	0	0	1.77e−15	0
		Iters	95650	73250	150000	105595	132450	150000	7950
	$n=50$	Min	0	0	1.1e+01	0	0	0	0
		Iters	155450	131750	250000	194879	214950	98750	10150
f_{14}	$n=30$	Min	0	0	7.39e−03	0	0	0	0
		Iters	73050	102750	150000	95495	129250	05019	13850
	$n=50$	Min	0	0	2.55e−15	0	0	0	0
		Iters	126250	143250	250000	155590	192150	102450	15050
f_{15}	$n=30$	Min	3.28e−14	3.28e−14	2.22e−13	3.99e−14	2.81e−13	2.57e−14	8.88e−16
		Iters	150000	150000	150000	150000	150000	150000	150000
	$n=50$	Min	6.48e−14	5.06e−14	2.85e−13	7.19e−14	7.61e−13	4.35e−14	8.88e−16
		Iters	250000	250000	250000	250000	250000	250000	250000

表 4 - 10(续)

函数	维数	指标	NABC	AABC	ASDABC	LFABC	GABC	KFABC	ABC_CM
f_{16}	$n=30$	Min	1.57e−32	1.57e−32	1.57e−32	1.57e−32	7.39e−26	1.57e−32	3.34e−28
		Iters	150000	150000	150000	150000	150000	150000	150000
	$n=50$	Min	9.42e−33	9.42e−33	3.10e−24	9.42e−33	1.68e−24	9.42e−33	9.42e−33
		Iters	250000	250000	250000	250000	250000	250000	250000
f_{17}	$n=30$	Min	1.35e−32	1.35e−32	3.41e−31	1.71e−32	8.79e−23	1.35e−32	2.52e−27
		Iters	150000	150000	150000	150000	150000	150000	150000
	$n=50$	Min	1.35e−32	1.35e−32	1.11e−23	1.29e−31	9.65e−22	1.35e−32	1.43e−25
		Iters	250000	250000	250000	250000	250000	250000	250000
f_{18}	$n=30$	Min	1.33e−09	1.48e−22	4,44e−16	1.16e−06	6.59e−07	8,84e−31	9.8e−206
		Iters	150000	150000	150000	150000	150000	150000	150000
	$n=50$	Min	3.3e−08	1.01e−21	2.30e−12	7.52e−06	1.96e−05	9.26e−08	0
		Iters	250000	250000	250000	250000	250000	250000	245950
f_{19}	$n=30$	Min	1.34e−31	1.34e−31	5.07e−30	1.47e−31	2.89e−25	1.34e−31	1.09e−16
		Iters	150000	150000	150000	150000	150000	150000	150000
	$n=50$	Min	1.35e−31	1.35e−31	1.14e−28	1.59e−31	6.59e−25	3.89e−08	1.09e−22
		Iters	250000	250000	250000	250000	250000	250000	250000
f_{20}	$n=30$	Min	0	0	0	0	0	0	0
		Iters	6650	8850	2350	12574	12050	6850	250
	$n=50$	Min	0	0	0	0	0	0	0
		Iters	15550	18950	4750	19644	27650	13850	250
f_{21}	$n=30$	Min	−7.83e+01	−7.83e+01	−7.55e+01	−7.83e+01	−7.83e+01	−7.83e+01	−7.83e+01
		Iters	150000	150000	150000	150000	150000	150000	150000
	$n=50$	Min	−7.83e+01	−7.83e+01	−7.83e+01	−7.38e+01	−7.83e+01	−7.83e+01	−7.83e+01
		Iters	250000	250000	250000	250000	250000	250000	250000
f_{22}	$n=30$	Min	−2.95e+01	−2.96e+01	−2.86e+01	−2.95e+01	−2.95e+01	−2.95e+01	−2.91e+01
		Iters	150000	150000	150000	150000	150000	150000	150000
	$n=50$	Min	4.94e+01	−4.96e+01	−4.78e+01	−4.94e+01	4.92e+01	−4.95e+01	−4.84e+01
		Iters	250000	250000	250000	250000	250000	250000	250000

表 4 - 10(续)

函数	维数	指标	NABC	AABC	ASDABC	LFABC	GABC	KFABC	ABC_CM
f_{23}	$n=30$	Min	1.51e−41	4.04e−43	1.10e−60	3.53e−35	3.55e−27	3.25e−57	0
		Iters	150000	150000	150000	150000	150000	150000	131150
	$n=50$	Min	2.21e−40	1.34e−42	3.54e−43	3.45e−34	4.01e−27	6.18e−55	0
		Iters	250000	250000	250000	250000	250000	250000	132050
f_{24}	$n=30$	Min	3.28e−14	3.28e−14	3.99e−14	3.28e−14	6.83e−14	2.22e−14	8.88e−16
		Iters	150000	150000	150000	150000	150000	150000	150000
	$n=50$	Min	6.83e−14	5.77e−14	1.55e−08	5.77e−14	1.14e−13	4.35e−14	8.88e−16
		Iters	250000	250000	250000	250000	250000	250000	250000
f_{25}	$n=30$	Min	−4.50e+02	−4.50e+02	−4.26e+02	−4.50e+02	−4.50e+02	−4.50e+02	−4.39e+02
		Iters	150000	150000	150000	150000	150000	150000	150000
	$n=50$	Min	−4.50e+02	−4.50e+02	−3.99e+02	−4.50e+02	−4.50e+02	−4.50e+02	−4.29e+02
		Iters	250000	250000	250000	250000	250000	250000	250000
f_{26}	$n=30$	Min	−3.06e+02	−3.11e+02	−3.02e+02	−3.15e+02	−3.21e+02	−3.04e+02	−3.11e+02
		Iters	150000	150000	150000	150000	150000	150000	150000
	$n=50$	Min	−2.42e+02	−2.59e+02	−2.76e+02	−2.82e+02	−2.54e+02	−2,47e+02	−3.09e+02
		Iters	250000	250000	250000	250000	250000	250000	250000
f_{27}	$n=30$	Min	−3.02e+02	−3.02e+02	−3.02e+02	−3.02e+02	−3.02e+02	−3.02e+02	−3.02e+02
		Iters	150000	150000	150000	150000	150000	150000	150000
	$n=50$	Min	−2.82e+02	−2.82e+02	−2.82e+02	−2.82e+02	−2.82e+02	−2.82e+02	−2.82e+02
		Iters	250000	250000	250000	250000	250000	250000	250000
f_{28}	$n=30$	Min	9.0e+01	9.0e+01	9.0e+01	9.0e+01	9.0e+01	9.0e+01	9.01e+01
		Iters	150000	150000	150000	150000	150000	150000	150000
	$n=50$	Min	9.0e+01	9.0e+01	9.09e+01	9.0e+01	9.0e+01	9.0e+01	9.06e+01
		Iters	250000	250000	250000	250000	250000	250000	250000

4.3.4 CEC2014 中复杂函数的比较

为了进一步验证 ABC_CM 算法的性能，本小节对 CEC2014 上的复杂混合函数和组合函数进行了测试。这些函数的计算结果是 $f(x)-f(x^*)$ 的差值，其中 x^* 是真正的最优解。表 4 - 11 给出了不同 ABC 算法独立运行 50 次的计算结果。

从表4-11可以看到，ABC_CM的均值排名和Friedman平均排名分别为2.79和3,这意味着ABC_CM占据了第一位。此外，Wilcoxon秩检验和p值显示，与其他ABC改进算法相比，ABC_CM在49个函数上可以获得较好的性能，在13个函数上与之相当。与其他竞争对手相比，ABC_CM胜出的函数数量分别为8、8、8、7、10和8。对于F_6和F_{13}，ABC_CM的性能比所有竞争对手都差，这意味着在这2个函数上ABC_CM的性能仍有提升空间。对于函数$F_{12} \sim F_{14}$，GABC表现超过了所有其他竞争对手。LFABC和KFABC只在F_{10}上表现最好，而ASDABC在F_4和F_6上的表现最好。基于上述讨论，ABC_CM在处理CEC2014的混合函数和组合函数方面具有良好的性能。

表4-11 不同算法在CEC2014基准测试函数上的比较结果

函数	指标	NABC	AABC	ASDABC	LFABC	GABC	KFABC	ABC_CM
F_1	Mean	2.04e+06	3.41e+06	2.97e+05	1.78e+06	1.47e+06	3.50e+06	2.37e+04
	Rank	5	6	2	4	3	7	1
	Wilcoxon	+	+	+	+	+	+	
	p-value	5.15e-10	5.15e-10	6.15e-10	5.15e-10	5.15e-10	5.15e-10	
F_2	Mean	6.86e+02	2.60e+03	4.69e+03	5.05e+03	2.70e+03	2.82e+03	4.48e+03
	Rank	1	2	5	7	3	4	6
	Wilcoxon	−	=	=	=	=	=	
	p-value	2.65e-06	2.90e-01	8.73e-01	5.36e-01	5.59e-02	2.41e-01	
F_3	Mean	7.44e+00	6.98e+00	7.81e+00	7.01e+00	6.25e+02	7.54e+00	1.45e+01
	Rank	4	1	5	2	7	3	6
	Wilcoxon	−	−	−	−	+	−	
	p-value	1.77e-09	5.46e-10	1.25e-09	1.57e-09	6.93e-10	6.19e-09	
F_4	Mean	6.16e+03	8.32e+03	3.11e+01	6.83e+03	4.73e+03	4.70e+03	6.53e+01
	Rank	5	7	1	6	4	3	2
	Wilcoxon	+	+	−	+	+	+	
	p-value	5.15e-10	5.15e-10	2.19e-08	5.15e-10	7.35e-10	5.15e-10	
F_5	Mean	2.68e+05	4.18e+05	4.97e+04	2.31e+05	2.46e+05	6.41e+05	1.12e+04
	Rank	5	6	2	3	4	7	1
	Wilcoxon	+	+	+	+	+	+	
	p-value	5.15e-10	5.15e-10	3.75e-08	5.15e-10	7.35e-10	5.15e-10	

表 4-11(续)

函数	指标	NABC	AABC	ASDABC	LFABC	GABC	KFABC	ABC_CM
F_6	Mean	2.74e+02	2.94e+02	2.25e+02	2.53e+02	2.77e+02	2.80e+02	4,71e+02
	Rank	3	6	1	2	4	5	7
	Wilcoxon	—	—	—	—	—	—	
	p-value	1.20e−06	1.10e−05	1.61e−07	9.93e−07	4.93e−05	1.01e−05	
F_7	Mean	3.15e+02	3.15e+02	3.15e+02	3.15e+02	3.40e+02	3.16e+02	2.00e+02
	Rank	2	2	2	2	4	3	1
	Wilcoxon	+	+	+	+	+	+	
	p-value	5.15e−10	5.15e−10	9.24e−13	5.15e−10	5.15e−10	5.15e−10	
F_8	Mean	2.21e+02	2.26e+02	2.32e+02	2.23e+02	5.56e+02	2.10e+02	2.00e+02
	Rank	3	5	6	4	7	2	1
	Wilcoxon	+	+	+	+	+	+	
	p-value	5.15e−10	5.15e−10	9.24e−13	1.50e−08	4.59e−2	5.15e−10	
F_9	Mean	2.08e+02	2.09e+02	2.04e+02	2.09e+02	4.75e+02	2.09e+02	2.00e+02
	Rank	3	4	2	4	5	4	1
	Wilcoxon	+	+	+	+	+	+	
	p-value	5.15e−10	5.15e−10	5.15e−10	5.15e−10	5.15e−10	5.15e−10	
F_{10}	Mean	1.00e+02	1.00e+02	1.02e+02	1.00e+02	3.94e+02	1.00e+02	1.01e+02
	Rank	1	1	2	3	4	1	2
	Wilcoxon	—	—	+	—	+	—	
	p-value	5.80e−10	5.15e−10	5.15e−10	3.52e−09	5.15e−10	6.15e−10	
F_{11}	Mean	4.19e+02	4.15e+02	4.75e+02	4.12e+02	7.63e+02	3.94e+02	2.02e+02
	Rank	6	5	4	3	7	2	1
	Wilcoxon	+	+	+	+	+	+	
	p-value	5.15e−10	5.15e−10	5.15e−10	5.15e−10	6.53e−10	9.31e−10	
F_{12}	Mean	6.04e+02	6.11e+02	6.85e+02	6.19e+02	5.15e+01	5.84e+02	1.40e+02
	Rank	4	5	7	6	1	3	2
	Wilcoxon	+	+	+	—	+	+	
	p-value	5.15e−10	2.13e−09	5.15e−10	5.15e−10	1.34e−08	5.15e−10	

表 4 - 11（续）

函数	指标	NABC	AABC	ASDABC	LFABC	GABC	KFABC	ABC_CM
F_{13}	Mean	2.82e＋03	1.14e＋03	1.35e＋06	1.34e＋03	7.39e＋01	1.61e＋03	1.62e＋06
	Rank	5	2	6	3	1	4	7
	Wilcoxon	—	—	—	—	—	—	
	p-value	8.65e－09	2.10e－09	8.00e－03	3.52e－09	5.15e－10	5.53e－09	
F_{14}	Mean	3.79e＋03	4.18e＋03	3.34e＋03	3.14e＋03	4.43e＋02	4.52e＋03	6.71e＋03
	Rank	4	5	3	2	1	6	7
	Wilcoxon	＝	＝	＝	＝	—	＝	
	p-value	4.5e－01	4.9e－01	4.01e－02	5.01e－01	5.15e－10	1.60e－01	
＋/－/＝		8/5/1	8/4/2	8/5/1	7/5/2	10/3/1	8/4/2	49/26/9
Mean rank		3.64	4.07	3.43	3.64	3.93	3.86	2.79
Friedman average rank		3.89	4.43	3.75	4.10	4.57	4.29	3.00

第5章 两线性乘积和规划问题的分支定界方法

本章考虑如下两线性乘积和规划问题：

$$\text{LMP}\begin{cases} v = \min & \varphi(x) = \sum_{i=1}^{p} (c_i^T x + d_i)(e_i^T x + f_i) \\ \text{s. t.} & Ax \leqslant b \\ & X^0 = \{x \mid l_j^0 \leqslant x_j \leqslant u_j^0, \quad j = 1, \cdots, n\} \end{cases}$$

其中，$p \geqslant 2, c_i^T = (c_{i1}, c_{i2}, \cdots, c_{in}), e_i^T = (e_{i1}, e_{i2}, \cdots, e_{in}) \in R^n, d_i, f_i \in R, i = 1, \cdots, p, A \in R^{m \times n}$ 是一矩阵。

LMP 是一个非凸规划问题，自 20 世纪 90 年代以来受到人们的广泛关注。文献[136]中指出问题 LMP 是 NP 难的，即它通常具有多个不是全局最优的局部最优解。因此，要找到其全局最优解是件具有挑战性的事情。

在过去的几十年里，LMP 出现在多个实际应用领域中，如财务优化、数据挖掘/模式识别、工厂布局设计、VLISI 芯片设计和鲁棒优化等。因此，解决 LMP 问题具有重要的理论价值和实用价值。

为了找出 LMP 的全局最优解，在 $c_i^T + d_i > 0, e_i^T x + f_i > 0$ 的假设下，人们提出了一些实用的算法。这些方法可分为基于参数化的方法、分支定界方法、分解方法、割面方法等。

本章的目的是提出一个有效求解 LMP 全局最优解的方法。首先，利用问题 LMP 的特殊结构，基于 D. C. 分解，将问题 LMP 转化为一个 D. C. 规划问题。然后，基于 D. C. 规划给出一个新的线性弛技术。最后，将初始非凸问题 LMP 转化为一系列线性规划问题的求解。这一系列线性规划的解可以无限逼近 LMP 的全局最优解。

本章算法的主要特点是：①利用 LMP 的目标函数 $\varphi(x)$ 的二阶信息构造线性松弛规划；②生成的线性松弛规划问题嵌入到分支定界算法，不增加新变量和约束；③与文献[143-147]中的模型相比，本章所考虑问题具有更一般的形式，它不需要 $c_i^T x + d_i > 0$ 和 $e_i^T x + f_i > 0$；④数值结果表明，本章算法与文献[144, 149-155]相比，计算效果相同或者更好。

5.1　线性松弛问题

令 $X = [l, u]$ 为初始矩形 X^0 或由算法产生的 X^0 的某个子矩形，本节将介绍如何构造 LMP 的线性松弛规划问题 LRP。

首先引入一些记号：

$$x_{\mathrm{mid}} = \frac{1}{2}(\underline{x} + \bar{x})$$

$$g(x) \triangleq \nabla \varphi(x) = \begin{bmatrix} \sum_{i=1}^{p} \left[c_{i1}(e_i^T x + f_i) + (c_i^T x + d_i) e_{i1} \right] \\ \sum_{i=1}^{p} \left[c_{i2}(e_i^T x + f_i) + (c_i^T x + d_i) e_{i2} \right] \\ \sim \quad \vdots \\ \sum_{i=1}^{p} \left[c_{in}(e_i^T x + f_i) + (c_i^T x + d_i) e_{in} \right] \end{bmatrix}$$

$$\| G \| \triangleq \| \nabla^2 \varphi(x) \|$$

$$= \begin{bmatrix} \sum_{i=1}^{p}(c_{i1} e_{i1} + c_{i1} e_{i1}) & \sum_{i=1}^{p}(c_{i1} e_{i2} + c_{i2} e_{i1}) & \cdots & \sum_{i=1}^{p}(c_{i1} e_{in} + c_{in} e_{i1}) \\ \sum_{i=1}^{p}(c_{i2} e_{i1} + c_{i1} e_{i2}) & \sum_{i=1}^{p}(c_{i2} e_{i2} + c_{i2} e_{i2}) & \cdots & \sum_{i=1}^{p}(c_{i2} e_{in} + c_{in} e_{i2}) \\ \vdots & \vdots & \vdots & \vdots \\ \sum_{i=1}^{p}(c_{in} e_{i1} + c_{i1} e_{in}) & \sum_{i=1}^{p}(c_{in} e_{i2} + c_{i2} e_{in}) & \cdots & \sum_{i=1}^{p}(c_{in} e_{in} + c_{in} e_{in}) \end{bmatrix}$$

令

$$\bar{\lambda} = \| G \| + 0.0001$$

对于所有 $x \in X$，有 $\| G \| < \bar{\lambda}$，因此函数

$$\frac{1}{2} \bar{\lambda} \| x \|^2 + \varphi(x)$$

是 X 上的凸函数. 于是，函数 $\varphi(x)$ 被分解为 2 个凸函数之差：

$$\varphi(x) = \bar{\varphi}(x) - \frac{1}{2} \bar{\lambda} \| x \|^2 \qquad (5-1)$$

其中，$\bar{\varphi}(x) = \frac{1}{2} \bar{\lambda} \| x \|^2 + \varphi(x)$。

因为 $\bar{\varphi}(x)$ 是凸函数，所以有

$$\bar{\varphi}(x) \geqslant \bar{\varphi}(x_{\mathrm{mid}}) + \nabla \bar{\varphi}(x_{\mathrm{mid}})^T (x - x_{\mathrm{mid}}) \triangleq \bar{\varphi}^l(x, X, x_{\mathrm{mid}}) \qquad (5-2)$$

此外，考虑到 x_i^2 是区间 $[l_i, u_i], i = 1, \cdots, n$ 上的凸函数，不难得到：

$$l_i^2 + (l_i + u_i)(x_i - l_i) \geqslant x_i^2$$

进而有

$$\sum_{i=1}^{n} (l_i^2 + (l_i + u_i)(x_i - l_i)) \geqslant \| x \|^2$$

因为 $\bar{\lambda} > 0$，所以

$$\Psi^l(x, X) \triangleq \frac{1}{2} \bar{\lambda} \sum_{i=1}^{n} (l_i^2 + (l_i + u_i)(x_i - l_i)) \geqslant \frac{1}{2} \bar{\lambda} \| x \|^2 \qquad (5-3)$$

综合式 $(5-1) \sim$ 式 $(5-3)$，可得

$$\varphi^l(x, X, x_{\mathrm{mid}}) \triangleq \bar{\varphi}^l(x, X, x_{\mathrm{mid}}) - \Psi^l(x, X) \leqslant \varphi(x) \qquad (5-4)$$

另一方面，因为 $\| x \|^2$ 是凸函数，所以

$$\| x \|^2 \geqslant 2 x^T x_{\mathrm{mid}} - \| x_{\mathrm{mid}} \|^2 \triangleq \Psi^u(x, X, x_{\mathrm{mid}}) \qquad (5-5)$$

结合式 $(5-1)$、式 $(5-5)$ 以及 $\bar{\lambda} > 0$，有

$$\varphi(x) \leqslant \bar{\varphi}(x) - \frac{1}{2} \bar{\lambda} \Psi^u(x, X, x_{\mathrm{mid}}) \triangleq \varphi^u(x, X, x_{\mathrm{mid}})$$

由以上讨论可知，对于所有 $x \in X$，我们有

$$\varphi^l(x, X, x_{\mathrm{mid}}) \leqslant \varphi(x) \leqslant \varphi^u(x, X, x_{\mathrm{mid}})$$

定理 5.1 对所有 $x \in X$，考虑函数 $\varphi(x)$，$\varphi^l(x, X, x_{\mathrm{mid}})$ 和 $\varphi^u(x, X, x_{\mathrm{mid}})$. 则 $\varphi^l(x, X, x_{\mathrm{mid}})$ 与 $\varphi(x)$ 的差，以及 $\varphi^u(x, X, x_{\mathrm{mid}})$ 与 $\varphi(x)$ 的差满足

$$\lim_{\|u-l\| \to 0} \Delta^1(x,X,x_{\text{mid}}) = \lim_{\|u-l\| \to 0} \Delta^2(x,X,x_{\text{mid}}) = 0$$

其中

$$\Delta^1(x,X,x_{\text{mid}}) = \varphi(x) - \varphi^l(x,X,x_{\text{mid}})$$

$$\Delta^2(x,X,x_{\text{mid}}) = \varphi^u(x,X,x_{\text{mid}}) - \varphi(x)$$

证明 首先证明 $\lim_{\|u-l\| \to 0} \Delta^1(x,X,x_{\text{mid}}) = 0$。因为

$$\Delta^1(x,X,x_{\text{mid}}) = \varphi(x) - \varphi^l(x,X,x_{\text{mid}})$$

$$= \varphi(x) - \frac{1}{2}\bar{\lambda}\|x\|^2 - \varphi(x_{\text{mid}}) - \nabla\varphi(x_{\text{mid}})^T(x - x_{\text{mid}}) +$$

$$\frac{1}{2}\bar{\lambda}\sum_{i=1}^{n}[(l_i^2 + (l_i + u_i)(x_i - l_i)]$$

$$\leqslant [\nabla\varphi(\xi) - \nabla\varphi(x_{\text{mid}})]^T(x - x_{\text{mid}}) +$$

$$\frac{1}{2}\bar{\lambda}\sum_{i=1}^{n}[l_i^2 + (l_i + u_i)(x_i - l_i)] - \frac{1}{2}\bar{\lambda}\|x\|^2$$

$$\leqslant \|\nabla^2\varphi(\eta)\|\|\xi - x_{\text{mid}}\|\|x - x_{\text{mid}}\| +$$

$$\frac{1}{2}\bar{\lambda}\sum_{i=1}^{n}[(l_i^2 + (l_i + u_i)(x_i - l_i)] - \frac{1}{2}\bar{\lambda}\|x\|^2$$

$$= \|\bar{\lambda} + \nabla^2\varphi(\eta)\|\|\xi - x_{\text{mid}}\|\|x - x_{\text{mid}}\| +$$

$$\frac{1}{2}\bar{\lambda}\sum_{i=1}^{n}[(l_i^2 + (l_i + u_i)(x_i - l_i)] - \frac{1}{2}\bar{\lambda}\|x\|^2$$

$$\leqslant 2\bar{\lambda}\|\xi - x_{\text{mid}}\|\|x - x_{\text{mid}}\| + \frac{1}{2}\bar{\lambda}\|u - l\|^2$$

$$\leqslant \frac{5}{2}\bar{\lambda}\|u - l\|^2$$

其中，ξ, η 是常向量，且分别满足 $\varphi(x) - \varphi(x_{mid}) = \nabla\varphi(\xi)^T(x - x_{\text{mid}})$ 和 $\nabla\varphi(\xi) - \nabla\varphi(x_{\text{mid}}) = \nabla^2\varphi(\eta)^T(\xi - x_{\text{mid}})$，因此，我们有

$$\lim_{\|u-l\| \to 0} \Delta^1(x,X,x_{\text{mid}}) = 0$$

其次，证明 $\lim_{\|u-l\| \to 0} \Delta^2(x,X,x_{\text{mid}}) = 0$。因为

$$\Delta^2(x,X,x_{\text{mid}}) = \frac{1}{2}\bar{\lambda}(\|x\|^2 - 2x^T x_{\text{mid}} + \|x_{\text{mid}}\|^2)$$

$$= \frac{1}{2}\bar{\lambda}\|x - x_{\text{mid}}\|^2 \leqslant \frac{1}{2}\bar{\lambda}\|u - l\|^2$$

所以，$\lim_{\|u-l\| \to 0} \Delta^2(x,X,x_{\text{mid}}) = 0$，即证。

定理 5.1 说明随着 $\| u - l \| \to 0$，$\varphi^l(x, X, x_{\text{mid}})$ 和 $\varphi^u(x, X, x_{\text{mid}})$ 可以无限逼近 $\varphi(x)$。

基于以上讨论，LMP 在 X 上的线性松弛规划（LRP）如下：

$$\text{LRP} \begin{cases} \min & \varphi^l(x, X, x_{\text{mid}}) \\ \text{s. t.} & Ax \leqslant b \\ & x \in X = \{x \in R^n \mid l \leqslant x \leqslant u\} \end{cases}$$

5.2 删除技巧

为了提高算法的收敛速度，本节提出了一个区域删除技巧，它可被用于删除可行域中不包含问题 LMP 全局最优解的区域。

假定 UB 和 LB 分别为当前迭代时所得到的问题 LMP 最优值 v 的上界和下界。

令

$$\alpha_j = [\nabla \varphi(x_{\text{mid}})]_j - \frac{1}{2} \bar{\lambda}(l_j + u_j), \quad j = 1, \cdots, n$$

$$T = \varphi(x_{\text{mid}}) - \nabla \varphi(x_{\text{mid}})^{\text{T}} x_{\text{mid}} - \frac{1}{2} \bar{\lambda} \sum_{i=1}^{n} [l_i^2 - (l_i + u_i) l_i]$$

定理 5.2 对于任一子矩形 $X = (X_j)_{n \times 1} \subseteq X^0$，其中 $X_j = [l_j, u_j]$。

令

$$\rho_k = UB - \sum_{j=1, j \neq k}^{n} \min \{\alpha_j l_j, \alpha_j u_j\} - T, \quad k = 1, \cdots, n$$

如果存在某个指标 $k \in \{1, 2, \cdots, n\}$ 使得 $\alpha_k > 0$ 且 $\rho_k < \alpha_k u_k$，则 LMP 在 X^1 上不存在全局最优解；如果 $\alpha_k < 0$ 且 $\rho_k < \alpha_k l_k$，则 LMP 在 X^2 上不存在全局最优解，其中

$$X^1 = (X_j^1)_{n \times 1} \subseteq X, X_j^1 = \begin{cases} X_j, & j \neq k \\ \left(\dfrac{\rho_k}{\alpha_k}, u_k \right] \bigcap X_j, & j = k \end{cases}$$

$$X^2 = (X_j^2)_{n \times 2} \subseteq X, X_j^2 = \begin{cases} X_j, & j \neq k \\ \left[l_k, \dfrac{\rho_k}{\alpha_k} \right) \bigcap X_j, & j = k \end{cases}$$

证明 对于所有 $x \in X^1$，首先证明 $\varphi(x) > UB$。当 $x \in X^1$，考虑 x 的第 k 个分量 x_k。因为 $x_k \in \left(\dfrac{\rho_k}{\alpha_k}, u_k \right]$，所以

$$\frac{\rho_k}{\alpha_k} < x_k \leqslant u_k$$

由 $\alpha_k > 0$，可得 $\rho_k < \alpha_k x_k$。根据上面不等式以及 ρ_k 的定义可知：

$$UB - \sum_{j=1, j \neq k}^{n} \min\{\alpha_j l_j, \alpha_j u_j\} - T < \alpha_k x_k$$

进一步可有

$$UB < \sum_{j=1, j \neq k}^{n} \min\{\alpha_j l_j, \alpha_j u_j\} + \alpha_k x_k + T$$

$$\leqslant \sum_{j=1}^{n} \alpha_j x_j + \varphi(x_{\text{mid}}) - \nabla\varphi(x_{\text{mid}})^T x_{\text{mid}} - \frac{1}{2}\bar{\lambda}\sum_{i=1}^{n}[l_i^2 - (l_i + u_i)l_i]$$

$$= \varphi^l(x, X, x_{\text{mid}})$$

这意味着，对所有 $x \in X^1$，$\varphi(x) \geqslant \varphi^l(x, X, x_{\text{mid}}) > UB \geqslant v$。换句话说，对所有 $x \in X^1$，$\varphi(x)$ 总是大于问题 LMP 的最优值 v。因此，LMP 在 X^1 上不存在全局最优解。

类似的可证，对于所有 $x \in X^2$，如果 $\alpha_k < 0$ 且 $\rho_k < \alpha_k l_k$，LMP 在 X^2 上不存在全局最优解。

5.3 算法及其收敛性

在前文基础上，本节给出算法过程的具体描述。

5.3.1 分支规则

在分支定界算法中，分支规则是保证算法收敛性的关键因素。本文选择了一个标准的二分规则，该规则足以确保收敛，因为它可以使得任何无限分支上的变量所在区间收缩为一点。

考虑矩形 $X = \{x \in R^n \mid l_j \leqslant x_j \leqslant u_j, j = 1, \cdots, n\} \subseteq X^0$。分支规则如下：

(1) 令 $k = \text{argmax}\{u_j - l_j \mid j = 1, \cdots, n\}$；

(2) 令 $\tau = (l_k + u_k)/2$；

（3）令

$$X^1 = \{x \in R^n \mid l_j \leqslant x_j \leqslant u_j, j \neq k, l_k \leqslant x_k \leqslant \tau\}$$

$$X^2 = \{x \in R^n \mid l_j \leqslant x_j \leqslant u_j, j \neq k, \tau \leqslant x_k \leqslant u_k\}$$

通过使用该分支规则，矩形被剖分为了 2 个子矩形 X^1 和 X^2。

5.3.2　分支定界算法

下面给出求解问题 LMP 的分支定界算法的具体步骤。如表 5－1。

令 $LB(X^k)$ 是 LRP 在矩形 $X = X^k$ 上的最优值，$x^k = x(X^k)$ 是相应的最优解。

表 5－1　LMP 的分支定界算法

算法描述

步骤 0（初始化）

1. 令活动节点集 $Q_0 = \{X^0\}$，上界 $UB_0 = +\infty$，可行点集 $F = \phi$，容许误差 $\varepsilon > 0$ 以及迭代计数器 $k = 0$。

2. 求问题 LRP 在 $X = X^0$ 上的最优解及最优值。令 $LB_0 = LB(X^0)$，$x^0 = x(X^0)$，如果 x^0 是问题 LMP 的可行解，则令

$$UB_0 = \varphi(x^0), F = F \bigcup \{x^0\}$$

如果 $UB_0 < LB_0 + \varepsilon$，则停机：$x^0$ 是问题 LMP 的 ε 最优解。否则，继续。

步骤 1　选择矩形 x_{mid}^k 的中点 X^k；如果 x_{mid}^k 是问题 LMP 的可行解，则置 $F = F \bigcup \{x_{\text{mid}}^k\}$。更新上界 $UB_k = \min\{-\varphi(x_{\text{mid}}^k), UB_k\}$ 以及最好的可行解 $x^* = \arg\min_{x \in F} \varphi(x)$。

步骤 2　将 X^k 剖分为两个子矩形，并将子矩形的集合记为 $\overline{X^k}$。对于每一个 $X \in \overline{X^k}$，使用定理 5.2 中的删除技巧进行删除。

步骤 3　如果 $\overline{X^k} \neq \phi$，求问题 LRP 在每个 $X \in \overline{X^k}$ 上的最优值 $LB(X)$ 和最优解 $x(X)$。如果 $LB(X) > UB_k$，置 $\overline{X^k} = \overline{X^k} \backslash X$；否则，更新 UB_k, F 和 x^*（如果可能）.将剩余的矩形存入 $Q_k = (Q_k \backslash X^k) \bigcup \overline{X^k}$，并找出最新下界 $LB_k = \inf_{X \in Q_k} LB(X)$。

步骤 4　置

$$Q_{k+1} = Q_k \backslash \{X \mid UB_k - LB(X) \leqslant \varepsilon, X \in Q_k\}$$

如果 $Q_{k+1} = \phi$，则停机：UB_k 是问题 LMP 的 ε 最优值，x^* 是 ε 最优解。否则，选择满足 $X^{k+1} = \arg\min_{X \in Q_{k+1}} LB(X)$，$x^{k+1} = x(X^{k+1})$ 的活动节点 X^{k+1}。置 $k = k+1$，转步骤 1。

5.3.3 收敛性分析

下面定理给出了本章算法的全局收敛性。

定理 5.3 算法或者有限步终止得到一个 ε 最优解，或者产生一个无穷解序列 $\{x^k\}$，其聚点为问题 LMP 的全局最优解。

证明 如果算法有限步终止，不失一般性，假定算法在第 k 停止，由算法知，

$$UB_k - LB_k \leqslant \varepsilon$$

即 x^k 是问题 LMP 的 ε 最优解。

如果算法无限步终止，则算法会产生一无穷解序列 $\{x^k\}$。因为问题 LMP 的可行域是有界的，所以序列 $\{x^k\}$ 一定存在收敛子列. 不失一般性，假定 $\lim\limits_{k\to\infty}x^k = x^*$。由算法知

$$\lim\limits_{k\to\infty}LB_k \leqslant v$$

因为 x^* 是问题 LMP 的一个可行解，所以 $v \leqslant \Phi(x^*)$。综上有

$$\lim\limits_{k\to\infty}LB_k \leqslant v \leqslant \varphi(x^*)$$

另一方面，由函数 $\phi^l(x)$ 的连续性可得

$$\lim\limits_{k\to\infty}LB_k = \lim\limits_{k\to\infty}\varphi^l(x^k) = \varphi^l(x^*)$$

由定理 5.1 可得

$$\varphi(x^*) = \varphi^l(x^*)$$

从而有 $v = \varphi(x^*)$，即 x^* 是问题 LMP 的全局最优解。

5.4 数值实验

为验证算法的有效性，本节做了一些数值实验。程序编写采用 Matlab 7.1，数值实验在 Pentium IV（3.06 GHZ）微机上进行的。算法中的线性规划问题使用单纯形方法求解,实验的收敛性误差为 ε＝1.0e−3。

表 5-2 给出了例 1～例 8 的计算结果，其中：ε 表示容许误差；Iter 表示迭代次数；Time 表示运行时间，单位为秒。

为了测试删除技巧的效果，对于例 1～例 8，我们分别使用了带有删除技巧的算法 1（本章所提算法）和不带删除技巧的算法 2 进行求解，数值比较结

果见表 5 - 3。

【例 1】

min $(x_1 + x_2)(x_1 - x_2 + 7)$

s. t. $2x_1 + x_2 \leqslant 14$

$x_1 + x_2 \leqslant 10$

$-4x_1 + x_2 \leqslant 0$

$-2x_1 - x_2 \leqslant -6$

$-x_1 - 2x_2 \leqslant -6$

$x_1 - x_2 \leqslant 3$

$x_1 \geqslant 0, x_2 \geqslant 0$

【例 2】

min $x_1 + (x_1 - x_2 + 5)(x_1 + x_2 - 1)$

s. t. $-2x_1 - 3x_2 \leqslant -9$

$3x_1 - x_2 \leqslant 8$

$-x_1 + 2x_2 \leqslant 8$

$x_1 + 2x_2 \leqslant 12$

$x_1 \geqslant 0$

【例 3】

min $(x_1 + x_2)(x_1 - x_2) + (x_1 + x_2 + 1)(x_1 - x_2 + 1)$

s. t. $x_1 + 2x_2 \leqslant 10$

$x_1 - 3x_2 \leqslant 20$

$1 \leqslant x_1 \leqslant 3$

$1 \leqslant x_2 \leqslant 3$

【例 4】

min $(x_1 + x_2)(x_1 - x_2) + (x_1 + x_2 + 2)(x_1 - x_2 + 2)$

s. t. $x_1 + 2x_2 \leqslant 20$

$x_1 - 3x_2 \leqslant 20$

$1 \leqslant x_1 \leqslant 4$

$1 \leqslant x_2 \leqslant 4$

【例 5】

$$\min \quad (2x_1 - 2x_2 + x_3 + 2)(-2x_1 + 3x_2 + x_3 - 4) +$$
$$(-2x_1 + x_2 + x_3 + 2)(x_1 + x_2 - 3x_3 + 5)$$
$$+ (-2x_1 - x_2 + 2x_3 + 7)(4x_1 - x_2 - 2x_3 - 5)$$

$$\text{s. t.} \quad x_1 + x_2 + x_3 \leqslant 10$$
$$x_1 - 2x_2 + 3x_3 \leqslant 10$$
$$-2x_1 + 2x_2 + 3x_3 \leqslant 10$$
$$-x_1 + 2x_2 + 3x_3 \geqslant 6$$
$$x_1 \geqslant 1, x_2 \geqslant 1, x_3 \geqslant 1$$

【例 6】

$$\min \quad (-x_1 + 2x_2 - 0.5)(-2x_1 + x_2 + 6) +$$
$$(3x_1 - 2x_2 + 6.5)(x_1 + x_2 - 1)$$

$$\text{s. t.} \quad -5x_1 + 8x_2 \leqslant 24$$
$$5x_1 + 8x_2 \leqslant 44$$
$$6x_1 - 3x_2 \leqslant 15$$
$$-4x_1 - 3x_2 \leqslant 15$$
$$-4x_1 - 5x_2 \leqslant -10$$
$$x_1 \geqslant 0, x_2 \geqslant 0$$

【例 7】

$$\min \quad (x_1 + 2x_2 - 2)(-2x_1 - x_2 + 3) + (3x_1 - 2x_2 + 3)(x_1 - x_2 - 1)$$

$$\text{s. t.} \quad -2x_1 + 3x_2 \leqslant 6$$
$$4x_1 - 5x_2 \leqslant 8$$
$$-4x_1 - 3x_2 \leqslant -12$$
$$x_1 \geqslant 0, x_2 \geqslant 0$$

【例 8】

$$\min \quad (-x_1 + 2x_2 - 5)(-4x_1 + x_2 + 3) + (3x_1 - 7x_2 + 3)(-x_1 + x_2 + 3)$$

$$\text{s. t.} \quad -2x_1 + 3x_2 \leqslant 8$$
$$4x_1 - 5x_2 \leqslant 8$$
$$4x_1 + 3x_2 \leqslant 15$$
$$-4x_1 - 3x_2 \leqslant -12$$
$$x_1 \geqslant 0, x_2 \geqslant 0$$

由表 5-2 可以看到,对于大多数例子而言,本章算法比文献[144,149-155]更有效地找到问题的最优解。对于例 7,尽管本章算法的迭代次数比文献[155]多,但是本章算法所找的最优解和最优值更好一些。对于例 8,本章算法找到的最优值比文献[154]稍差,但是不难验证文献[154]找的最优解是不可行的。

表 5-2 不同算法的比较结果

	方法	ε	Solution	Value	Time/s	Iter
例 1	[149]	1.0e-3	(2.0,8.0)	10	5.078	48
	[150]	1.0e-3	(2.0,8.0)	10	0.30	53
	[151]	1.0e-3	(2.0003,7.9999)	10.0042	10.83	27
	本章方法	1.0e-3	(2.0,8.0)	10	0.289	10
例 2	[144]	—	(0.0,4.0)	3	—	—
	[152]	—	(0.0,4.0)	3	—	—
	本章方法	1.0e-3	(0.0,4.0)	3	0.059	3
例 3	[153]	—	(1.0,3.0)	−13	—	—
	本章方法	1.0e-3	(1.0,3.0)	−13	0.031	2
例 4	[153]	—	(1.0,4.0)	−22	—	—
	本章方法	1.0e-3	(1.0,4.0)	−22	0.062	3
例 5	[154]	1.0e-3	(5.5556,1.7778,2.6667)	−112.754	—	57
	本章方法	1.0e-3	(5.5556,1.7778,2.6667)	−112.754	0.704	38
例 6	[155]	1.0e-3	(1.5549,0.7561)	10.6756	—	29
	本章方法	1.0e-3	(1.5563,0.7550)	10.6753	0.517	25
例 7	[155]	1.0e-3	(1.547,2.421)	−16.2837	—	7
	本章方法	1.0e-3	(1.5509,2.4152)	−16.2837	0.457	22
例 8	[154]	1.0e-3	(1.3169,2.2441)	4.9562	—	34
	本章方法	1.0e-3	(1.3188,2.2417)	4.9567	0.727	34

表 5-3 中的结果显示删除技巧可以较大的提高算法的收敛速度,测试结果显示本章算法是有效可行的。

表 5 - 3　算法 1 与算法 2 的比较结果

Iter	方法	ε	Solution	Value	Time/s
例 1	算法 1	(2.0, 8.0)	10	0.289	10
	算法 2	(2.0, 8.0)	10	0.524	6
例 2	算法 1	(0.0, 4.0)	3	0.059	3
	算法 2	(0.0, 4.0)	3	0.105	5
例 3	算法 1	(1.0, 3.0)	-13	0.031	2
	算法 2	(1.0, 3.0)	-13	0.280	12
例 4	算法 1	(1.0, 4.0)	-22	0.062	3
	算法 2	(1.0, 4.0)	-22	0.369	15
例 5	算法 1	(5.5556, 1.7778, 2.6667)	-112.7531	0.704	38
	算法 2	(5.5556, 1.7778, 2.6667)	-112.7531	1.370	49
6	算法 1	(1.5563, 0.7550)	10.6753	0.743	35
	算法 2	(1.5573, 0.7542)	10.6754	1.554	56
7	算法 1	(1.5454, 2.4244)	-16.2893	0.935	30
	算法 2	(1.5454, 2.4244)	-16.2893	1.261	42
8	算法 1	(1.3188, 2.2417)	4.9567	0.727	34
	算法 2	(1.3188, 2.2417)	4.9567	2.548	56

第6章　一类多乘积优化问题求解的新方法

本章考虑如下多乘积约束优化问题：

$$(\text{P})\begin{cases} \min & \displaystyle\prod_{i=1}^{k}(c_{i0}^{T}x+d_{i0}) \\ \text{s.t.} & Ax\leqslant b \\ & \displaystyle\prod_{i=1}^{k}(c_{ij}^{T}x+d_{ij})\leqslant\beta_{j}, \quad j=1,\cdots,p \\ & X^{0}=\{x\in R^{n}\mid l^{0}\leqslant x\leqslant u^{0} \end{cases}$$

其中，$k\geqslant 2$，$b\in R^{m}$，$A\in R^{m\times n}$，$c_{ij}\in R^{n}$，$d_{ij}\in R$，$\beta_{j}\in R$，$\beta_{j}>0$，且对于所有 $x\in X^{0}$，有 $c_{ij}^{T}x+d_{ij}\geqslant 0$，$i=1,\cdots,k$，$j=0,\cdots,p$。

　　由于在微观经济、金融优化等领域，线性多乘积问题有广泛应用，所以针对多乘积问题的求解，人们已经提出很多算法，但对于本文所考虑问题(P)，求解方法并不多。当问题(P)中目标函数是线性函数，且 $k=2$ 时，文献[158]提出了一种算法。文献[159]提出一种分支定界方法，该方法需要引进新变量，文献[160]给出一种区域删除准则与分支定界技巧相结合的方法。

　　在充分考虑问题的结构特点基础上，本章利用函数的二阶导数信息，给出一种新的线性松弛化方法。在此基础上，构造了求解问题(P)的分支定界方法。与[144,156-160]方法相比，本方法不需要引进新的变量，推广了他们所考虑问题的模型，并提出了一个新的区域缩减准则。理论上证明了算法的收敛性，数值算例也表明算法是有效可行的。

6.1 线性化技巧

利用对数函数性质知问题(P)等价于如下问题:

$$(EP)\begin{cases} \min \quad h_0(x) = \sum_{i=1}^{k} \ln(c_{i0}^T x + d_{i0}) \\ \text{s.t.} \quad Ax \leqslant b \\ \qquad h_j(x) = \sum_{i=1}^{k} \ln(c_{ij}^T x + d_{ij}) \leqslant \ln \beta_j, \ j = 1, \cdots, p \\ \qquad X^0 = \{x \in R^n \mid l^0 \leqslant x \leqslant u^0\} \end{cases}$$

显然问题(P)与(EP)具有相同的最优解,因此为求解问题(P),可转化为求其等价问题(EP),故以下仅考虑问题(EP)的求解。

假定 $X = [\underline{x}, \overline{x}]$ 表示初始盒子或由算法产生的子盒子,为表述方便,引入以下记号:

$$x_{mid} = \frac{1}{2}(\underline{x} + \overline{x})$$

$$\text{diag}(x_1, \cdots, x_n) = \begin{bmatrix} x_1 & & \\ & \ddots & \\ & & x_n \end{bmatrix}$$

$$C_j = \begin{bmatrix} c_{1j1} & c_{1j2} & \cdots & c_{1jn} \\ & \vdots & & \\ c_{kj1} & c_{kj2} & \cdots & c_{kjn} \end{bmatrix}$$

为求解问题(EP),本章提出一个分支定界算法,该方法的关键是要为(EP)在 X 上构造一线性松弛规划问题,其最优值可为(EP)在 X 上的最优值提供下界。为此我们提出一个新的线性松弛技巧,具体过程如下。

考虑约束函数 $h_j(x) = \sum_{i=1}^{k} \ln(c_{ij}^T x + d_{ij})(j = 0, \cdots, p)$。利用对数函数性质,可得 $h_j(x)$ 的梯度及海森阵为

$$\nabla h_j(x) = \begin{pmatrix} \dfrac{c_{1j1}}{c_{1j}^T x + d_{1j}} + \dfrac{c_{2j1}}{c_{2j}^T x + d_{2j}} + \cdots + \dfrac{c_{kj1}}{c_{kj}^T x + d_{kj}} \\ \vdots \\ \dfrac{c_{1jn}}{c_{1j}^T x + d_{1j}} + \dfrac{c_{2jn}}{c_{2j}^T x + d_{2j}} + \cdots + \dfrac{c_{kjn}}{c_{kj}^T x + d_{kj}} \end{pmatrix}$$

$$= \left(\frac{1}{c_{1j}^T x + d_{1j}}, \cdots, \frac{1}{c_{kj}^T x + d_{kj}} \right) C_j$$

$$\nabla^2 h_j(x) = C_j^T \operatorname{diag}\left(\frac{-1}{(c_{1j}^T x + d_{1j})^2}, \cdots, \frac{-1}{(c_{kj}^T x + d_{kj})^2} \right) C_j$$

由此可知，

$$\| \nabla^2 h_j(x) \| = \left\| C_j^T \operatorname{diag}\left[\frac{-1}{(c_{1j}^T x + d_{1j})^2}, \cdots, \frac{-1}{(c_{kj}^T x + d_{kj})^2} \right] C_j \right\|$$

$$\leqslant \| C_j \|^2 \max_{1 \leqslant i \leqslant k} \frac{1}{(c_{ij}^T x + d_{ij})^2}$$

记

$$E_{ij}(x) = c_{ij}^T x + d_{ij} = \sum_{t=1}^{n} c_{ijt} x_t + d_{ij}, \, i = 1, \cdots, k, \, j = 0, \cdots, p$$

令 $\underline{E}_{ij}$ 表示 $E_{ij}(x)$ 在 X 上的下界，则有

$$\underline{E}_{ij} = \sum_{t=1}^{n} \min\{ c_{ijt} \, \underline{x}_t, c_{ijt} \, \bar{x}_t \} + d_{ij}$$

令

$$\bar{\lambda}_j = \| C_j \|^2 \max_{1 \leqslant i \leqslant k} \frac{1}{\underline{E}_{ij}^2} + 0.1$$

则对所有 $x \in X$，有 $\| \nabla^2 h_j(x) \| < \bar{\lambda}_j, j = 0, \cdots, p$。由此可知，$\frac{1}{2} \bar{\lambda}_j \| x \|^2 + h_j(x)$ 是

一凸函数，于是 $h_j(x)$ 可表示为 2 个凸函数之差，即

$$h_j(x) = \varphi_j(x) - \frac{1}{2} \bar{\lambda}_j \| x \|^2 \tag{6-1}$$

其中，$\varphi_j(x) = \frac{1}{2} \bar{\lambda}_j \| x \|^2 + h_j(x)$。对于式（6-1）中的函数 $\varphi_j(x)$，利用凸函数

的性质，有

$$\varphi_j(x) \geqslant \varphi_j(x_{\text{mid}}) + \nabla \varphi_j(x_{\text{mid}})^T (x - x_{\text{mid}}) = \varphi_j^l(x, X, x_{\text{mid}}) \tag{6-2}$$

另外，对于 $\forall x_t \in [\underline{x}_t, \bar{x}_t]$，易知

$$(\underline{x}_t + \bar{x}_t)x_t - \underline{x}_t \bar{x}_t \geqslant x_t^2$$

进而有

$$\sum_{t=1}^{n} [(\underline{x}_t + \bar{x}_t)x_t - \underline{x}_t \bar{x}_t] \geqslant \parallel x \parallel^2$$

又因为 $\bar{\lambda}_j > 0$，所以

$$\Psi_j^u(x) = \frac{1}{2} \bar{\lambda}_j \sum_{t=1}^{n} [(\underline{x}_t + \bar{x}_t)x_t - \underline{x}_t \bar{x}_t] \geqslant \frac{1}{2} \bar{\lambda}_j \parallel x \parallel^2 \qquad (6-3)$$

由式(6-1)、式(6-2)和式(6-3)可得

$$h_j^l(x, X, x_{\mathrm{mid}}) = \varphi_j^l(x, X, x_{\mathrm{mid}}) - \Psi_j^u(x) \leqslant h_j(x) \qquad (6-4)$$

另一方面，因为 $\parallel x \parallel^2$ 是一凸函数，所以有

$$\parallel x \parallel^2 \geqslant 2x^T x_{\mathrm{mid}} - \parallel x_{\mathrm{mid}} \parallel^2 = \Psi_j^l(x, X, x_{\mathrm{mid}}) \qquad (6-5)$$

由式(6-1)和式(6-5)式及 $\bar{\lambda}_j > 0$ 知

$$h_j(x) \leqslant \varphi_j(x) - \frac{1}{2} \bar{\lambda}_j \Psi_j^l(x, X, x_{\mathrm{mid}}) = h_j^u(x, X, x_{\mathrm{mid}})$$

综上有

$$h_j^l(x, X, x_{\mathrm{mid}}) \leqslant h_j(x) \leqslant h_j^u(x, X, x_{\mathrm{mid}})$$

由此可得问题(EP)在 X 上的线性松弛规划问题

$$(\mathrm{LRP}) \begin{cases} \min & h_0^l(x, X, x_{\mathrm{mid}}) \\ \mathrm{s.\,t.} & Ax \leqslant b, \\ & h_j^l(x, X, x_{\mathrm{mid}}) \leqslant \ln \beta_j, \ j = 1, \cdots, p \\ & x \in X \end{cases}$$

定理 6.1 对所有 $x \in X$，考虑函数 $h_j(x), h_j^l(x, X, x_{\mathrm{mid}})$ 及 $h_j^u(x, X, x_{\mathrm{mid}})$，$j = 0, \cdots, p$，则有如下结论成立：

$$\lim_{\parallel \bar{x} - \underline{x} \parallel \to 0} \max_{x \in X} \Delta_j^1(x, X, x_{\mathrm{mid}}) = \lim_{\parallel \bar{x} - \underline{x} \parallel \to 0} \max_{x \in X} \Delta_j^2(x, X, x_{\mathrm{mid}}) = 0$$

其中

$$\Delta_j^1(x, X, x_{\mathrm{mid}}) = h_j(x) - h_j^l(x, X, x_{\mathrm{mid}}), \Delta_j^2(x, X, x_{\mathrm{mid}})$$

$$= h_j^u(x, X, x_{\mathrm{mid}}) - h_j(x)$$

证明 因为

$$\Delta_j^1(x,X,x_{\mathrm{mid}})=h_j(x)-h_j^l(x,X,x_{\mathrm{mid}})$$

$$\leqslant[\nabla h_j(\xi)-\nabla h_j(x_{\mathrm{mid}})]^T(x-x_{\mathrm{mid}})+\frac{1}{2}\bar\lambda_j\parallel\overline{x}-\underline{x}\parallel^2$$

$$\leqslant2\bar\lambda_j\parallel\xi-x_{\mathrm{mid}}\parallel\parallel x-x_{\mathrm{mid}}\parallel+$$

$$\frac{1}{2}\bar\lambda_j\parallel\overline{x}-\underline{x}\parallel^2\leqslant\frac{5}{2}\bar\lambda_j\parallel\overline{x}-\underline{x}\parallel^2$$

其中,ξ是满足$h_j(x)-h_j(x_{\mathrm{mid}})=\nabla h_j(\xi)^T(x-x_{\mathrm{mid}})$的常向量,所以有

$$\lim_{\parallel\overline{x}-\underline{x}\parallel\to0}\max_{x\in X}\Delta_j^1(x,X,x_{\mathrm{mid}})=0$$

另一方面,因为

$$\Delta_j^2(x,X,x_{\mathrm{mid}})=\frac{1}{2}\bar\lambda_j(\parallel x\parallel^2-2x^Tx_{\mathrm{mid}}+\parallel x_{\mathrm{mid}}\parallel^2)$$

$$=\frac{1}{2}\bar\lambda_j\parallel x-x_{\mathrm{mid}}\parallel^2\leqslant\frac{1}{2}\bar\lambda_j\parallel\overline{x}-\underline{x}\parallel^2$$

所以有

$$\lim_{\parallel\overline{x}-\underline{x}\parallel\to0}\max_{x\in X}\Delta_j^2(x,X,x_{\mathrm{mid}})=0$$

即证。

定理 6.1 说明随着盒子无限减小,$h_j^l(x,X,x_{\mathrm{mid}})$ 和 $h_j^u(x,X,x_{\mathrm{mid}})$ 可以无限逼近 $h_j(x)$。

为提高算法的收敛速度,本章提出一个区域缩减技巧,通过使用该技巧,可以删除一些不可能包含全局最优解的区域。

令 UB 分别表示问题(EP)已知的当前最好上界,Z^* 表示问题(EP)的最优值。令 $X=[\underline{x},\overline{x}]$ 为 X^0 的任意子长方体。

令

$$\beta_t=[\nabla\varphi_0(x_{\mathrm{mid}})]_t-\frac{1}{2}\bar\lambda_0(\underline{x}_t+\overline{x}_t),t=1,\cdots,n$$

$$T=\varphi_0(x_{\mathrm{mid}})-\nabla\varphi_0(x_{\mathrm{mid}})^Tx_{\mathrm{mid}}+\frac{1}{2}\bar\lambda_0\sum_{t=1}^n\underline{x}_t\overline{x}_t$$

定理 6.2 对任一矩形 $X=(X_t)_{n\times1}\subseteq X^0$,其中 $X_t=[\underline{x}_t,\overline{x}_t]$. 令

$$\rho_s=UB-\sum_{t=1,t\neq s}^n\min\{\beta_t\underline{x}_t,\beta_t\overline{x}_t\}-T,\ s=1,\cdots,n$$

如果存在某个指标 $s\in\{1,2,\cdots,n\}$ 使得 $\beta_s>0$ 且 $\rho_s<\beta_s\bar{x}_s$，则问题（EP）在 X^1 上无全局最优解；如果存在某个指标 $s\in\{1,2,\cdots,n\}$ 使得 $\beta_s<0$ 且 $\rho_s<\beta_s\underline{x}_s$，则问题（EP）在 X^2 上无全局最优解，其中

$$X^1=(X_t^1)_{n\times 1}\subseteq X, \text{其中 } X_t^1=\begin{cases}X_t, & t\neq s \\ \left(\dfrac{\rho_s}{\beta_s},\bar{x}_s\right]\cap X_t, & t=s\end{cases}$$

$$X^2=(X_t^2)_{n\times 1}\subseteq X, \text{其中 } X_t^2=\begin{cases}X_t, & t\neq s \\ \left[\underline{x}_s,\dfrac{\rho_s}{\beta_s}\right)\cap X_t, & t=s\end{cases}$$

证明　首先，证明对于所有 $x\in X^1$，有 $h_0(x)>UB$。考虑 x 的第 s 个分量 x_s，显然有

$$\frac{\rho_s}{\beta_s}<x_s\leqslant\bar{x}_s$$

注意到 $\beta_s>0$，由 ρ_k 的定义及上述不等式可得

$$UB<\sum_{t=1,t\neq s}^{n}\min\{\beta_t\underline{x}_t,\beta_t\bar{x}_t\}+\beta_s x_s+T$$

$$\leqslant\sum_{t=1}^{n}\beta_t x_t+\varphi_0(x_{\text{mid}})-\nabla\varphi_0(x_{\text{mid}})^T x_{\text{mid}}+\frac{1}{2}\lambda_0\sum_{t=1}^{n}\underline{x}_t\bar{x}_t$$

$$=h_0^l(x,X,x_{\text{mid}})$$

对所有 $x\in X^1$，因为

$$Z^*\leqslant UB<h_0^l(x,X,x_{\text{mid}})\leqslant h_0(x)$$

所以在 X^1 上不可能 有问题（EP）的全局最优解。

对所有 $x\in X^2$，如果对于某个 s 有 $\beta_s<0$ 且 $\rho_s<\beta_s\underline{x}_s$，类似讨论可知。所以 X^2 上不可能有问题（EP）的全局最优解。

6.2　算法及数值算例

在前文基础上，本节给出求解问题（EP）的全局优化算法. 在算法中，假定在第 k 次迭代时，Q_k 表示由活动节点（即可能存在全局解的子长方体）构成的集合。对每一个节点 $X\in Q_k$，求解线性规划（LRP）的最优值 $LB(X)$，令（EP）的全局最优值的下界为 $LB_k=\min\{LB(X),\forall X\in Q_k\}$。对 $\forall X\in Q_k$，若（LRP）

的最优解对(EP)是可行的,则更新(EP)的上界(若需要)。选定一具有最大下界的活动节点,将其分成两部分,对每个新的节点求其相应的解,重复这一过程直到满足收敛条件为止。

下面给出算法的具体描述。假定在第 k 次迭代中,LB_k,UB_k 分别表示(EP)最优值的下界和上界。

步 0   选取 $\varepsilon \geqslant 0$。令

$$Q_0 = \{X^0\}, UB_0 = \infty$$

利用区域缩减准则缩减盒子 X^0。若 $X^0 \neq \phi$,求解问题 LRP(X^0),设其最优解和最优值分别为 x^0 和 $LB(X^0)$。令

$$LB_0 = LB(X^0)$$

若 x^0 是(EP)的可行解,则算法停止,即 x^0 是原问题(P)的最优解。否则,若 $X^0 = \phi$,则算法停止,问题(P)无解。

步 k $k \geqslant 1$。

步 k1   置

$$UB_k = UB_{k-1}$$

沿 X^{k-1} 的最长边将其剖分为子矩形 $X^{k,1}, X^{k,2} \subseteq R^n$。

令

$$F = F \bigcup \{X^{k-1}\}$$

步 k2   对于子矩形 $X^{k,1}$ 和 $X^{k,2}$,利用区域缩减准则对其进行缩减。确定问题 (LRP)在矩形 $X = X^{k,t}$ 的最优值 $LB(X^{k,t})$ 及最优解 $x^{k,t}$,其中 $t = 1, 2$。如果可能,则修正上界

$$UB_k = \min\{UB_k, h_0(x^{k,t})\}$$

并令 x^k 表示满足 $UB_k = h_0(x^{k,t})$ 的点。

步 k3   如果

$$UB_k \leqslant LB(X^{k,t})$$

则令

$$F = F \bigcup \{X^{k,t}\}$$

步 k4   令

$$F = F \bigcup \{X \in Q_{k-1} | UB_k \leqslant LB(X)\}$$

步 k5   令

$$Q_k = \{X \mid X \in (Q_{k-1} \bigcup \{X^{k,1}, X^{k,2}\}), X \notin F\}$$

步 k6 置

$$LB_k = \min\{LB(X) \mid X \in Q_k\}$$

并令 $X^k \in Q_k$ 为满足 $LB_k = LB(X^k)$ 的矩形. 如果

$$UB_k - LB_k \leqslant \varepsilon$$

则算法停止。x^k 是问题（P）全局 ε 一最优解。否则，置 $k = k+1$，并转步 k。

下面定理给出了算法的全局收敛性。

定理 6.3 （a）如果算法有限步终止，则当算法终止时，x^k 是问题（P）的全局 ε 一最优解。

（b）如果算法无限步终止，则算法将产生一无穷可行解序列 $\{x^k\}$，该序列的任一聚点为问题（P）的全局最优解。

证明 （a）根据算法，结论显然成立。

（b）当算法无限步终止时，令 $\{x^k\}$ 为算法产生一无穷可行解序列，设 x^* 是它的一个聚点。由于 $\{x^k\}$ 是有界序列，所以存在子序列 $\{x^{k_q}\}$ 收敛到 x^*。由算法知，UB_k 是单调减有界序列，LB_k 是单调增有界序列，所以

$$\lim_{k \to \infty} UB_k = \lim_{k_q \to \infty} UB_{k_q}, \lim_{k \to \infty} LB_k = \lim_{k_q \to \infty} LB_{k_q}$$

不失一般性，假定序列 $\{x^{k_q}\}$ 对应的序列 $\{X^{k_q}\}$ 满足 $X^{k_q+1} \subseteq X^{k_q}, q = 1, 2, \cdots$。由于矩形二分法是穷举的，所以有

$$\lim_{k_q \to \infty} X^{k_q} = x^*$$

从而，根据定理 6.1 知，

$$\lim_{k \to \infty} UB_k = \lim_{k_q \to \infty} UB_{k_q} = \lim_{k \to \infty} LB_k = \lim_{k_q \to \infty} LB_{k_q} = h_0(x^*)$$

即 x^* 是问题（EP）的全局最优解。再由（EP）和（P）的等价性即知 x^* 也是问题（P）的全局最优解。

为了验证本文方法的可行性，下面给出 4 个数值算例。

【例 1】

$$\min \quad -4x_1 - 5x_2$$
$$\text{s. t.} \quad x_1 - x_2 \geqslant 0$$
$$x_1^2 - x_2^2 \leqslant 3$$
$$x_1 x_2 \leqslant 2$$
$$0.1 \leqslant x_1 \leqslant 3.7, 0.1 \leqslant x_2 \leqslant 1$$

取 $\varepsilon=1\times10^{-3}$，计算结果为：运行时间 0.015 s，迭代 1 次，最优解为 $x^*=(2.0,1.0)$，最优值为 -13。

【例 2】

$$\min \quad -6x_1-x_2$$

$$\text{s.t.} \quad -2x_1+x_2\leqslant0$$

$$x_1+x_2\leqslant8$$

$$x_1x_2(x_1+x_2)\leqslant65$$

$$x_1x_2(2x_1-x_2)\leqslant10$$

$$1\leqslant x_1\leqslant2.5,1\leqslant x_2\leqslant4.2$$

取 $\varepsilon=1\times10^{-3}$，计算结果为：运行时间 1.39 s，迭代 26 次，最优解为 $x^*=(2.4998,4.0002)$，最优值为 -18.9991。

【例 3】

$$\min \quad (2x_1+x_2+1)(0.5x_1+2x_2+1)$$

$$\text{s.t.} \quad (x_1+2x_2+1)(2x_1+2x_2+1)\leqslant2.5$$

$$(1.5x_1+2x_2+1)(2x_1+2x_2+1)\leqslant2.5$$

$$0.1\leqslant x_1\leqslant3,0.5\leqslant x_2\leqslant3$$

取 $\varepsilon=1\times10^{-3}$，计算结果为：运行时间 0.234 s，迭代 9 次，最优解为 $x^*=(0.1,0.5)$，最优值为 3.485。

【例 4】

$$\min \quad (x_1+x_2+1)(2x_1+x_2+1)(x_1+2x_2+1)$$

$$\text{s.t.} \quad (x_1+2x_2+1)(2x_1+2x_2+2)(x_1+x_2+1)\leqslant80$$

$$1\leqslant x_1\leqslant3,1\leqslant x_2\leqslant3$$

取 $\varepsilon=1\times10^{-3}$，计算结果为：运行时间 0.094 s，迭代 4 次，最优解为 $x^*=(1.0,1.0)$，最优值为 48。

第7章 线性比式和问题的分支定界方法

本章考虑如下线性比式和问题：

$$(\text{FP}) \begin{cases} \max \quad f(x) = \sum_{i=1}^{p} \dfrac{n_i(x)}{d_i(x)} \\ \text{s.t.} \quad x \in \Lambda = \{x \mid Ax \leqslant b\} \end{cases}$$

其中，$p \geqslant 2$，$n_i(x) = \sum_{j=1}^{n} c_{ij}x_j + \alpha_i \geqslant 0$，$d_i(x) = \sum_{j=1}^{n} e_{ij}x_j + \beta_i \neq 0$ 是有限的线性仿射函数，$A \in R^{m \times n}, b \in R^m, c_{ij}, \alpha_i, e_{ij}, \beta_i$ 是任意实数，$\Lambda = \{x \in R^n \mid Ax \leqslant b\}$ 为非空有界集，且 $int \Lambda \neq \phi$。

近年来，问题（FP）的研究引起了众多学者的关注，原因有 2 点：①问题（FP）在许多领域有着重要应用，如运输计划问题、政府规划问题及经济投资问题等；②问题（FP）在计算方面有较大困难，因为此类问题通常有多个非全局的局部最优解。因此（FP）问题求解方法的研究既有理论意义，又有实用价值。

在过去几十年里，人们针对（FP）的特殊形式已经提出许多算法，这些方法大都要求 $\sum_{j=1}^{n} c_{ij}x_j + d_i \geqslant 0$，$\sum_{j=1}^{n} e_{ij}x_j + f_i > 0$，如文献[152, 163-166]。最近，对于较一般的线性比式和问题，人们也提出了一些方法，如文献[167,168]。

本章考虑的线性比式和问题的模型较为广泛，仅要求 $\sum_{j=1}^{n} c_{ij}x_j + d_i \geqslant 0$，$\sum_{j=1}^{n} e_{ij}x_j + f_i \neq 0$。如果首先采用文献[168]里的转化技巧进行转化，那么模型也可以仅要求 $\sum_{j=1}^{n} e_{ij}x_j + f_i \neq 0$。

针对此类较广意义的线性比式和问题，本章给出一个全局优化方法，并从理论上证明了算法的收敛性。数值算例表明算法是可行的。

7.1　等价问题及其线性松弛

为求解问题(FP)，首先将(FP)转化为一个等价的非凸规划问题(EP)，然后再对(EP)进行线性松弛，下面介绍其具体过程。

7.1.1　等价问题

对于问题(FP)，利用中值定理，显然有 $d_i(x)>0$ 或 $d_i(x)<0$。不失一般性，假定 $d_i(x)>0(i=1,\cdots,T)$，$d_i(x)<0(i=T+1,\cdots,p)$。令

$$\underline{x_j}=\min_{x\in\Lambda}x_j,\ \overline{x_j}=\max_{x\in\Lambda}x_j,\ j=1,\cdots,n$$

$$\overline{l_i}=\frac{1}{\sum\limits_{j=1}^{n}\max\{e_{ij}\underline{x_j},e_{ij}\overline{x_j}\}+\beta_i}$$

$$\overline{u_i}=\frac{1}{\sum\limits_{j=1}^{n}\min\{e_{ij}\underline{x_j},e_{ij}\overline{x_j}\}+\beta_i},\ i=1,\cdots,p$$

$$\underline{z_i}=\ln(\overline{l_i}),\ \overline{z_i}=ln(\overline{u_i}),\ i=1,\cdots,T,$$

$$\underline{z_i}=\ln(-\overline{u_i}),\ \overline{z_i}=ln(-\overline{l_i}),\ i=T+1,\cdots,p$$

则问题(FP)可转化为如下等价的非凸规划问题：

$$(EP)\begin{cases}\max\quad \varphi_0(x,z)=\sum\limits_{i=1}^{T}\exp(z_i)n_i(x)-\sum\limits_{i=T+1}^{p}\exp(z_i)n_i(x)\\[2mm]\text{s.t.}\quad \varphi_i(x,z)=\exp(z_i)d_i(x)\leqslant1,\ i=1,\cdots,T\\[2mm]\qquad\quad \varphi_i(x,z)=-\exp(z_i)d_i(x)\geqslant1,\ i=T+1,\cdots,p\\[2mm]\qquad\quad Ax\leqslant b,x\in X_0=[\underline{x},\overline{x}]\end{cases}$$

问题(FP)及(EP)的等价性由下面定理给出。

定理 7.1　如果 $(x^*,z_1^*,\cdots,z_p^*)$ 是问题(EP)的一个全局最优解，则 x^* 是问题(FP)的一个全局最优解。反之，如果 x^* 问题(FP)的一个全局最优解，则 $(x^*,z_1^*,\cdots,z_p^*)$ 是问题(EP)的一个全局最优解，其中 $z_i^*=\ln\left[\dfrac{1}{d_i(x^*)}\right](i=1,\cdots,T)$，

$$z_i^* = \ln\left[-\frac{1}{d_i(x^*)}\right](i=T+1,\cdots,p)。$$

证明 由(FP)和(EP)的定义易知结论成立。

根据定理1,为求解问题(FP),可转化为求其等价问题(EP),且问题(FP)和(EP)的最优值是相等的。

7.1.2 线性松弛

为求解问题(EP),需要构造(EP)的线性松弛规划问题,其最优值可以为(EP)的最优值提供一个上界。

令 X 表示初始矩形 X_0,或者由算法产生的 X_0 的子矩形。不失一般性,令 $X = \{x \mid \underline{x_j} \leqslant x_j \leqslant \overline{x_j}, j=1,\cdots,n\}$。下面说明如何构造问题(EP)在 X 上的线性松弛规划问题。

首先考虑目标函数 $\varphi_0(x,z)$,因为 $\exp(z_i)$ 是增函数,且 $n_i(x) \geqslant 0$,所以有

$$\varphi_0^u(x,z) = \sum_{i=1}^{T} \exp(\overline{z_i})n_i(x) - \sum_{i=T+1}^{p} \exp(\underline{z_i})n_i(x) \geqslant \varphi_0(x,z) \quad (7-1)$$

然后考虑约束函数 $\varphi_i(x,z), i=1,\cdots,p$. 对于 $i=1,\cdots,T$,因为 $d_i(x) > 0$,所以

$$\varphi_i^l(x,z) = \exp(\underline{z_i})d_i(x) \leqslant \exp(z_i)d_i(x) = \varphi_i(x,z) \quad (7-2)$$

对于 $i=T+1,\cdots,p$,因为 $d_i(x) < 0$,所以

$$\varphi_i^u(x,z) = -\exp(\overline{z_i})d_i(x) \geqslant -\exp(z_i)d_i(x) = \varphi_i(x,z) \quad (7-3)$$

结合式(7-1)~式(7-3),可构造问题(EP)在 X 上的线性松弛规划问题(RLP)如下:

$$(\text{RLP})\begin{cases} \max \quad \varphi_0^u(x,z) = \sum_{i=1}^{T} \exp(\overline{z_i})n_i(x) - \sum_{i=T+1}^{p} \exp(\underline{z_i})n_i(x) \\ \text{s. t.} \quad \varphi_i^l(x,z) = \exp(\underline{z_i})d_i(x) \leqslant 1, \ i=1,\cdots,T \\ \qquad \varphi_i^u(x,z) = -\exp(\overline{z_i})d_i(x) \geqslant 1, \ i=T+1,\cdots,p \\ \qquad Ax \leqslant b, x \in X \end{cases}$$

定理 7.2 令 $\delta_j = \overline{x_j} - \underline{x_j}, j=1,\cdots,n$. 则,对 $\forall x \in X$,随着 $\delta_j \to 0$,有

$$\Delta_0 = \varphi_0^u(x,z) - \varphi_0(x,z) \to 0, \Delta_i = \varphi_i(x,z) - \varphi_i^l(x,z) \to 0(i=1,\cdots,T)$$

$$\Delta_i = \varphi_i^u(x,z) - \varphi_i(x,z) \rightarrow 0 \ (i = T+1, \cdots, p)$$

证明 由 $\underline{z}_i$ 和 $\overline{z}_i$ 的定义知，随着 $\delta_j \rightarrow 0$，必有 $\overline{z}_i - \underline{z}_i \rightarrow 0$。从而，随着 $\delta_j \rightarrow 0$，有

$$\Delta_0 = \varphi_0^u(x,z) - \varphi_0(x,z)$$

$$= \sum_{i=T+1}^{p} (exp(\overline{z}_i) - \exp(z_i)) n_i(x) +$$

$$\sum_{i=T+1}^{p} [exp(z_i) - exp(\underline{z}_i)] n_i(x) \rightarrow 0$$

下面证明随着 $\delta_j \rightarrow 0$，有 $\Delta_i \rightarrow 0 \ i = 1, \cdots, p, j = 1, \cdots, n$。因为对于 $i = 1, \cdots, T$

$$\Delta_i = \varphi_i(x,z) - \varphi_i^l(x,z) = [\exp(z_i) - \exp(\underline{z}_i)] d_i(x)$$

对于 $i = T+1, \cdots, p$，

$$\Delta_i = \varphi_i^u(x,z) - \varphi_i(x,z) = -[\exp(\overline{z}_i) - \exp(z_i)) d_i(x)$$

且随着 $\delta_j \rightarrow 0$ 有 $z_i \rightarrow \underline{z}_i, z_i \rightarrow \overline{z}_i$，所以有 $\Delta_i \rightarrow 0, i = 1, \cdots, 0$，即证。

根据以上讨论，显然问题（RLP）的最优值可以为问题（EP）的最优值提供上界，即若用 $V[(EP)]$ 表示问题（EP）的最优值，则有

$$V[(RLP)] \geqslant V[(EP)]$$

7.2 算法及其收敛性

在前文基础上，给出求解问题（EP）的全局优化算法。在算法中，假定在第 k 次迭代时，Q_k 表示由活动节点（即可能存在全局解的子长方体）构成的集合。对每一个节点 $X \in Q_k$，求解线性规划 $RLP(X)$ 得最优值 $UB(X) = V[RLP(X)]$，而（EP）的全局最优值的上界为 $UB_k = \max\{UB(X), \forall X \in Q_k\}$。对 $\forall X \in Q_k$，若 $RLP(X)$ 的最优解对（EP）是可行的，则更新（EP）的上界（若需要）。选定一具有最大上界的活动节点，然后将其分成两部分，对每个新的节点求其相应的解，重复这一过程直到满足收敛条件为止。

7.2.1 分支规则

众所周知，保证算法收敛的一个关键步骤是分支策略的选取，本文选取矩形对分规则。

令 $X=\{x\in R^n \mid \underline{x_i}\leqslant x_i\leqslant\overline{x_i}, i=1,\cdots,n\}\subseteq X_0$ 为任一将被剖分的矩形. 该分支规则如下:

(1)令

$$j=\operatorname{argmax}\{\overline{x_i}-\underline{x_i}, i=1,\cdots,n\}$$

(2)令

$$\gamma_j=\frac{1}{2}(\underline{x_j}+\overline{x_j})$$

(3)令

$$X_1=\{x\in R^n \mid \underline{x_i}\leqslant x_i\leqslant\overline{x_i}, i\neq j, \underline{x_j}\leqslant x_j\leqslant\gamma_j\}$$

$$X_2=\{x\in R^n \mid \underline{x_i}\leqslant x_i\leqslant\overline{x_i}, i\neq j, \gamma_j\leqslant x_j\leqslant\overline{x_j}\}$$

通过该分支规则,矩形 X 被剖分为 2 个子矩形 X_1 和 X_2。

下面给出算法的具体描述,在算法中,$UB(X)$ 表示(RLP)在矩形 X 上的最优值。

7.2.2 算法描述

步 0 选取 $\varepsilon\geqslant 0$。确定问题(RLP)在矩形 $X=X_0$ 上的最优解 x^0 和最优值 $UB(X_0)$。令 $z_i^0=\ln\left[\dfrac{1}{d_i(x^0)}\right](i=1,\cdots,T)$,$z_i^0=\ln\left[-\dfrac{1}{d_i(x^0)}\right](i=T+1,\cdots,p)$,并置 $UB_0=UB(X_0)$,$LB_0=\varphi_0(x^0,z^0)$。如果 $UB_0-LB_0\leqslant\varepsilon$,则停机。$x^0$ 是问题(FP)的全局 ε-最优解。否则,置 $Q_0=\{X_0\}$,$F=\phi$,$k=1$,并转步 k。

步 k $k\geqslant 1$。

步 k1 置 $LB_k=LB_{k-1}$。将 X_{k-1} 剖分为子矩形 $X_{k,1}$,$X_{k,2}\subseteq R^n$,令 $F=F\bigcup\{X_{k-1}\}$。

步 k2 对于子矩形 $X_{k,1}$ 和 $X_{k,2}$,修正相应参数 $\underline{z_i}$,$\overline{z_i}$,$(i=1,\cdots,p)$。确定问题(RLP)在矩形 $X=X_{k,t}$ 的最优值 $UB(X_{k,t})$ 及最优解 $x^{k,t}$,其中 $t=1,2$。令 $z_i^{k,t}=\ln\left[\dfrac{1}{d_i(x^{k,t})}\right](i=1,\cdots,T)$,$z_i^{k,t}=\ln\left[-\dfrac{1}{d_i(x^{k,t})}\right](i=T+1,\cdots,p)$,如果可能,修正下界 $LB_k=\max\{LB_k,\varphi_0(x^{k,t},z^{k,t})\}$,并令 x^k 表示满足 $LB_k=\varphi_0(x^k,z^k)$ 的点。

步 k3　如果 $UB(X_{k,t}) \leqslant LB_k$，则令 $F = F \bigcup \{X_{k,t}\}$。

步 k4　令

$$F = F \bigcup \{X \in Q_{k-1} | UB(X) \leqslant LB_k\}$$

步 k5　令

$$Q_k = \{X | X \in (Q_{k-1} \bigcup \{X_{k,1}, X_{k,2}\}), X \notin F\}$$

步 k6　置 $UB_k = \max\{UB(X) | X \in Q_k\}$ 并令 $X_k \in Q_k$ 为满足 $UB_k = UB(X_k)$ 的矩形。如果 $UB_k - LB_k \leqslant \varepsilon$，则停。$x^k$ 是问题(FP)全局 ε 一最优解。否则，置 $k = k+1$，并转步 k。

7.2.3　算法收敛性

下面给出算法的全局收敛性。

定理 7.3　(a)如果算法有限步终止，则当终止时，x^k 是问题(FP)的全局 ε 一最优解。

(b)如果算法无限步终止，则算法将产生一无穷可行解序列(x^k)，该序列的任一聚点为问题(FP)的全局最优解。

证明　(a)根据算法，结论显然。

(b)当算法无限步终止时，根据 Horst 和 Tuy，一个算法收敛到问题的全局最优解的充分条件是界运算要求一致及界选取要求改善。

所谓界运算一致是指在每一步，任一未被删除的部分可被进一步划分，且任一无限被划分的部分满足：

$$\lim_{k \to +\infty} (UB_k - LB_k) = 0 \tag{7-4}$$

其中，UB_k 是第 k 次迭代在某个子矩形上的上界，LB_k 是第 k 次迭代时的最好下界，LB_k，UB_k 不必同时出现在同一子矩形上。下面说明式(7-4)成立。

因为算法中采用的矩形对分是穷举的，所以根据文献[169]可知，式(7-4)成立，即算法中的界运算是一致的。

界选取改善是指在有限次剖分后，至少有一个上界在其上达到的矩形被选出，作为进一步剖分的矩形。根据算法，在迭代中，作为进一步划分的矩形恰恰是上界在其上达到的矩形，因此界选取是改善的。

综上可知，本章给出的算法满足界运算是一致的的且界选取是改善的，因此根据文献[169]中定理 $IV.3.$ 知，该算法是全局收敛的。

7.3 数值实验

为了验证本文方法的可行性,我们做了一些数值实验。

【例1】

$$\max \quad \frac{3x_1+x_2+80}{3x_1+4x_2+5x_3+80} - \frac{x_1+2x_2+4x_3+80}{5x_2+4x_3+80}$$

$$\text{s. t} \quad .2x_1+x_2+2x_3 \leqslant 3$$

$$x_1+3x_2+6x_3 \leqslant 6$$

$$x_1,x_2,x_3 \geqslant 0$$

取 $\varepsilon = 1 \times 10^{-3}$,计算结果为:运行时间 6.954666 s,最优值为 0.0416,最优解为 $x^* = (0.0376,1.8750,0.0000)$。

【例2】

$$\max \quad \frac{3x_1+5x_2+3x_3+50}{3x_1+4x_2+5x_3+50} + \frac{3x_1+4x_2+50}{4x_1+3x_2+2x_3+50} + \frac{4x_1+2x_2+4x_3+50}{5x_1+4x_2+3x_3+50}$$

$$\text{s. t.} \quad 6x_1+3x_2+3x_3 \leqslant 10$$

$$10x_1+3x_2+8x_3 \leqslant 10$$

$$x_1,x_2,x_3 \geqslant 0$$

取 $\varepsilon = 1 \times 10^{-3}$,计算结果为:运行时间 4.431958 s,最优值为 3.0029,最优解为 $x^* = (0.0000,3.3333,0.0000)$。

第8章　广义几何规划的分支定界方法

本章考虑如下形式的广义几何规划问题（GGP）：

$$(GGP)\begin{cases} \min & G_0(x) \\ \text{s. t.} & G_j(x) \leqslant \beta_j,\ j=1,\cdots,M \\ & X^0 = \{x \mid 0 < \underline{x_i^0} \leqslant x_i \leqslant \overline{x_i^0},\ i=1,2,\cdots,n\} \end{cases}$$

其中，$G_j(x) = \sum_{t=1}^{p_j} c_{jt} \prod_{i=1}^{n} x_i^{\gamma_{jti}}$，$c_{jt}, \beta_j, \gamma_{jti} \in R, t=1,\cdots,p_j, i=1,2,\cdots,n, j=0, 1,\cdots,M$。

问题（GGP）是一个特殊的非线性规划，自 Duffin、Peterson 和 Zener 提出后，它已被广泛应用在工程设计、制造业、经济学、统计学以及化学平衡等领域。此外，通过引入变量或者变换，许多非线性规划问题可被变形为问题（GGP），因此，提出有效解决问题（GGP）的优化方法具有较大的实用价值和理论价值。

在问题（GGP）中，如果 $c_{jt} > 0 (j=0,\cdots,M, t=1,\cdots,p_j)$，问题（GGP）就是经典的正向式几何规划问题（PGP）。为了解决问题（PGP），人们提出了一些有效算法，具体可参见文献[16－19]。自那以后，几何规划问题求解方法的研究发展缓慢，人们后续提出了一些基于内点的方法。

为了求解问题（GGP），在过去的几年里，人们提出了许多局部优化方法，这些方法可以归为三类：第一类是基于问题（GGP）的特点构造的一些非线性规划方法；第二类是基于压缩的一些方法，这类方法通过一些列逐次逼近的正向式几何规划达到目的的；第三类是由 Passy 和 Wilde 提出基于对偶的方法。

尽管求解问题（GGP）的局部优化方法很多，但是基于（GGP）结构特征的方法并不多。基于变量指数变换和矩形区域上的凸松弛技巧，Maranas 和

Floudas 提出了一个全局优化算法。最近，通过使用不同的线性松弛技术，人们提出了几个分支定界算法，例如，基于指数变换和对每个非线性项的线性近似，Shen 和 Zhang 提出了一个分支定界算法，该方法比凸松弛法在计算上更方便。此外，Shen 给出了另一种求解问题（GGP）的线性化方法，该方法通过求解一系列线性规划问题逐步逼近原问题的最优解。然而，这些方法并没有考虑如何进一步利用问题（GGP）的特征改进算法的收敛速度。

本章的目的有 2 个：①利用问题（GGP）的特征提出一个新的线性松弛方法；②为了提高收敛速度，提出了一种新的删除技巧，它可以被用来删除可行域中不存在全局最优解的区域。

8.1 线性松弛与删除技巧

在问题 （GGP）中，不失一般性，假定对于 $j=0,\cdots,M, t=1,\cdots,p_j$，当 $1\leqslant t\leqslant T_j$，$c_{jt}>0$；当 $T_j+1\leqslant t\leqslant p_j$，$c_{jt}<0$。

令 $x_i=\exp(y_i)(i=1,\cdots,N)$，则可得问题（GGP）的等价问题（EP）如下：

$$(\text{EP})\begin{cases} \min & \Psi_0(y)=\sum_{t=1}^{T_0}c_{0t}\exp(\sum_{i=1}^{n}\gamma_{0ti}y_i)+\sum_{t=T_0+1}^{p_0}c_{0t}\exp(\sum_{i=1}^{n}\gamma_{0ti}y_i) \\ \text{s. t.} & \Psi_j(y)=\sum_{t=1}^{T_j}c_{jt}\exp(\sum_{i=1}^{n}\gamma_{jti}y_i)+\sum_{t=T_j+1}^{p_j}c_{jt}\exp(\sum_{i=1}^{n}\gamma_{jti}y_i)\leqslant\beta_j \\ & \ln(\underline{x_i^0})=\underline{y_i^0}\leqslant y_i\leqslant\overline{y_i^0}=\ln(\overline{x_i^0}),\ i=1,\cdots,n, j=1,\cdots,M \end{cases}$$

问题（GGP）和（EP）的等价性由下面的定理给出。

定理 8.1　如果 y^* 是问题（EP）的最优解，则 x^* 是问题（GGP）的最优解，其中 $x_i^*=\exp(y_i^*), i=1,\cdots,n$. 反之，如果 x^* 是问题（GGP）的最优解，则 y^* 是问题（EP）的最优解，其中 $y_i^*=ln(x_i^*), i=1,\cdots,n$。

证明　定理的结论由问题（GGP）和（EP）的定义易知成立。

根据定理 8.1，为了求问题（GGP）的全局最优解，可以转化为问题（EP）的最优解。因此，下文仅考虑如何解决问题（EP）。

假定 $Y=[\underline{y},\overline{y}]$ 表示问题（EP）的初始矩形，或者是由分支过程得到的子矩形。为了得到问题（EP）的线性松弛规划问题（LRP），我们需要为函数

$\Psi_j(y)$构造一个线性松弛函数 $\Psi_j^l(y)(j=0,\cdots,M)$。过程如下：

在函数 $\Psi_j(y)$ 中，令

$$\Psi_{j1}(y) = \sum_{t=1}^{T_j} c_{jt} \exp(\sum_{i=1}^{n} \gamma_{jti} y_i), \Psi_{j2}(y) = \sum_{t=T_j+1}^{P_j} c_{jt} \exp(\sum_{i=1}^{n} \gamma_{jti} y_i)$$

显然，$\Psi_{j1}(y)$ 和 $\Psi_{j2}(y)$ 分别为凸函数和凹函数。

首先考虑 $\Psi_{j1}(y)(j=0,\cdots,M)$，因为 $\Psi_{j1}(y)$ 是凸函数，根据凸函数的性质有：

$$\Psi_{j1}(y) \geqslant \Psi_{j1}(y_{mid}) + \nabla\Psi_{j1}(y_{mid})^{\mathrm{T}}(y - y_{mid}) = \Psi_{j1}^l(y) \qquad (8-1)$$

其中

$$y_{mid} = \frac{1}{2}(\underline{y} + \overline{y})$$

$$\nabla\Psi_{j1}(y) = \begin{pmatrix} c_{j1}\ \gamma_{j11}\exp(\sum_{i=1}^{n} \gamma_{j1i} y_i) + \cdots + c_{jT_j}\ \gamma_{jT_j 1}\exp(\sum_{i=1}^{n} \gamma_{jT_j i} y_i) \\ \vdots \\ c_{j1}\ \gamma_{j1n}\exp(\sum_{i=1}^{n} \gamma_{j1i} y_i) + \cdots + c_{jT_j}\ \gamma_{jT_j n}\exp(\sum_{i=1}^{n} \gamma_{jT_j i} y_i) \end{pmatrix}$$

其次，考虑 $\Psi_{j2}(y)(j=0,\cdots,M)$。为了表述方便，引入以下符号和函数：

$$Y_{jt} = \sum_{i=1}^{n} \gamma_{jti} y_i$$

$$\underline{Y}_{jt} = \sum_{i=1}^{n} \min\{\gamma_{jti}\ \underline{y}_i, \gamma_{jti}\ \overline{y}_i\}$$

$$\overline{Y}_{jt} = \sum_{i=1}^{n} \max\{\gamma_{jti}\ \underline{y}_i, \gamma_{jti}\ \overline{y}_i\}$$

$$K_{jt} = \frac{\exp(\overline{Y}_{jt}) - \exp(\underline{Y}_{jt})}{\overline{Y}_{jt} - \underline{Y}_{jt}}$$

$$f_{jt}(y) = \exp(\sum_{i=1}^{n} \gamma_{jti} y_i) = \exp(Y_{jt})$$

$$h_{jt}(y) = \exp(\underline{Y}_{jt}) + K_{jt}(Y_{jt} - \underline{Y}_{jt}) = \exp(\underline{Y}_{jt}) + K_{jt}(\sum_{i=1}^{n} \gamma_{jti} y_i - \underline{Y}_{jt})$$

由文献[197]的引理 1 知，$\Psi_{j2}(y)$ 的下界函数 $\Psi_{j2}^l(y)$ 形式如下：

$$\Psi_{j2}^l(y) = \sum_{t=T_j+1}^{P_j} c_{jt} h_{jt}(y) \leqslant \sum_{t=T_j+1}^{P_j} c_{jt} f_{jt}(y) = \Psi_{j2}(y) \qquad (8-2)$$

最后，由式(8-1)和式(8-2)可以推得，对于所有 $y \in Y$，有

$$\Psi_j^l(y) = \Psi_{j1}^l(y) + \Psi_{j2}^l(y) \leqslant \Psi_j(y) \tag{8-3}$$

下面的定理表明:随着 $\| \overline{y} - \underline{y} \| \to 0$，$\Psi_j^l(y)$ 可以无限逼近 $\Psi_j(y)$，其中

$$\| \overline{y} - \underline{y} \| = \max\{\overline{y}_i - \underline{y}_i \mid i = 1, \cdots, n\}$$

定理 8.2 对于所有 $y \in Y$，考虑函数 $\Psi_j(y)$ 和 $\Psi_j^l(y)$，$j = 0, \cdots, M$。那么，$\Psi_j^l(y)$ 和 $\Psi_j(y)$ 的差值满足 $\lim\limits_{\| \overline{y} - \underline{y} \| \to 0} [\Psi_j(y) - \Psi_j^l(y)] \to 0$。

证明 根据 $\Psi_j(y)$ 和 $\Psi_j^l(y)$ 的定义易知:

$$\Psi_j(y) - \Psi_j^l(y) = \Psi_{j1}(y) - \Psi_{j1}^l(y) + \Psi_{j2}(y) - \Psi_{j2}^l(y)$$

令 $\Delta^1 = \Psi_{j1}(y) - \Psi_{j1}^l(y)$，$\Delta^2 = \Psi_{j2}(y) - \Psi_{j2}^l(y)$，显然，欲证结论成立，只需证随着 $\| \overline{y} - \underline{y} \| \to 0$ 有 $\Delta^1 \to 0$，$\Delta^2 \to 0$ 即可。

首先考虑 Δ^1，由 Δ^1 的定义知:

$$
\begin{aligned}
\Delta^1 &= \Psi_{j1}(y) - \Psi_{j1}^l(y) = \Psi_{j1}(y) - \Psi_{j1}(y_{\mathrm{mid}}) - \nabla\Psi_{j1}(y_{\mathrm{mid}})^T(y - y_{\mathrm{mid}}) \\
&= \nabla\Psi_{j1}(\xi)^T(y - y_{\mathrm{mid}}) - \nabla\Psi_{j1}(y_{\mathrm{mid}})^T(y - y_{\mathrm{mid}}) \\
&\leqslant \| \nabla^2\Psi_{j1}(\eta) \| \, \| \xi - y_{\mathrm{mid}} \| \, \| y - y_{\mathrm{mid}} \| \tag{8-4}
\end{aligned}
$$

其中，ξ, η 是常向量，且分别满足 $\Psi_{j1}(y) - \Psi_{j1}(y_{\mathrm{mid}}) = \nabla\Psi_{j1}(\xi)^T(y - y_{\mathrm{mid}})$ 和 $\nabla\Psi_{j1}(\xi) - \nabla\Psi_{j1}(y_{\mathrm{mid}}) = \nabla^2\Psi_{j1}(\eta)^T(\xi - y_{\mathrm{mid}})$。

因为 $\nabla^2\Psi_{j1}(y)$ 是连续函数，且 Y 是闭集，所以存在常数 $C > 0$ 使得

$$\| \nabla^2\Psi_{j1}(y) \| \leqslant C$$

由式(8-4)可得，$\Delta^1 \leqslant C \| \overline{y} - \underline{y} \|^2$。进而随着 $\| \overline{y} - \underline{y} \| \to 0$，有 $\Delta^1 \to 0$。

其次考虑 Δ^2。根据 Δ^2 的定义，有

$$\Delta^2 = \Psi_{j2}(y) - \Psi_{j2}^l(y) = \sum_{t=T_j+1}^{p_j} c_{jt}[f_{jt}(y) - h_{jt}(y)]$$

由文献[197]中引理 1 知:随着 $\| \overline{y} - \underline{y} \| \to 0$，$f_{jt}(y) - h_{jt}(y) \to 0$。从而，随着 $\| \overline{y} - \underline{y} \| \to 0$ 有 $\Delta^2 \to 0$。

综上可知，随着 $\| \overline{y} - \underline{y} \| \to 0$ 有 $\Psi_j(y) - \Psi_j^l(y) = \Delta^1 + \Delta^2 \to 0$，即证。

基于以上讨论,可以导出问题(EP)在 Y 上的线性松弛规划问题(LRP):

$$
(\text{LRP}) \begin{cases} \min & \Psi_0^l(y) \\ \text{s. t.} & \Psi_j^l(y) \leqslant \beta_j, j = 1, \cdots, M \\ & y \in Y = [\underline{y}, \overline{y}] \subset R^n \end{cases}
$$

显然，问题（EP）的可行域包含在问题（LRP）的可行域中，因此，问题（LRP）在矩形 Y 的最小值小于问题（EP）在 Y 上的最小值，即 $V(LRP) \leqslant V(EP)$。因此，问题（LRP）在矩形 Y 的最小值为（EP）在 Y 上的最小值提供了下界。

为了提高算法的收敛速度，我们提出了一种新的删除技巧，以删除可行域中不含有问题（EP）全局最优解的区域。

假定 UB 问题（EP）最优值 Ψ_0^* 的当前最好上界。令

$$\alpha_i = \sum_{t=T_0+1}^{p_0} c_{0t} K_{0t} \gamma_{0ti} + \nabla \Psi_{01}(y_{mid})_i, \ i=1,\cdots,N$$

$$T = \sum_{i=T_0+1}^{p_0} c_{0t}\left[\exp(\underline{Y_{0t}}) - K_{0t}\underline{Y_{0t}}\right] + \Psi_{01}(y_{mid}) - \nabla \Psi_{01}(y_{mid})^T y_{mid}$$

$$\rho_k = UB - \sum_{i=1, i \neq k}^{n} \min\{\alpha_i \underline{y_i}, \alpha_i \overline{y_i}\} - T, \ k=1,\cdots,n$$

定理 8.3 对于任意子矩形 $Y = (Y_i)_{N \times 1} \subseteq Y^0$。其中，$Y_i = [\underline{y_i}, \overline{y_i}]$，如果存在某个指标 $k \in \{1, 2, \cdots, n\}$ 使得 $\alpha_k > 0$ 且 $\rho_k < \alpha_k \overline{y_k}$，则（EP）在 Y^1 上不存在全局最优；如果 $\alpha_k < 0$ 且 $\rho_k < \alpha_k \underline{y_k}$，则（EP）在 Y^2 不存在全局最优解，其中

$$Y^1 = (Y_i^1)_{N \times 1} \subseteq Y, Y_i^1 = \begin{cases} Y_i, & i \neq k \\ \left(\dfrac{\rho_k}{\alpha_k}, \overline{y_k}\right] \bigcap Y_i, & i = k \end{cases}$$

$$Y^2 = (Y_i^2)_{N \times 1} \subseteq Y, Y_i^2 = \begin{cases} Y_i, & i \neq k \\ \left[\underline{y_k}, \dfrac{\rho_k}{\alpha_k}\right) \bigcap Y_i, & i = k \end{cases}$$

证明 首先证明对于 $y \in Y^1$，有 $\Psi_0(y) > UB$。考虑 y 的第 k 个分量 y_k。因为 $y_k \in \left(\dfrac{\rho_k}{\alpha_k}, \overline{y_k}\right]$，所以有

$$\frac{\rho_k}{\alpha_k} < y_k \leqslant \overline{y_k}$$

由 $\alpha_k > 0$ 知，$\rho_k < \alpha_k y_k$。对于所有 $y \in Y^1$，根据上述不等式以及 ρ_k 的定义可知

$$UB - \sum_{i=1, i \neq k}^{n} \min\{\alpha_i \underline{y_i}, \alpha_i \overline{y_i}\} - T < \alpha_k y_k$$

即

$$UB < \sum_{i=1,i\neq k}^{n} \min\{\alpha_i \underline{y_i}, \alpha_i \overline{y_i}\} + \alpha_k y_k + T \leqslant \sum_{i=1,i\neq k}^{n} \alpha_i y_i + T = \Psi_0^l(y)$$

因此，对于所有 $y \in Y^1$，有 $\Psi_0(y) \geqslant \Psi_0^l(y) > UB \geqslant \Psi_0^*$，$i.e.$。对所有 $y \in Y^1$，$\Psi_0(y)$ 总是大于（EP）的最优值 Ψ_0^*。故（EP）在 Y^1 上不可能存在全局最优解。

对于所有 $y \in Y^2$，如果存在指标 k 使得 $\alpha_k < 0$ 且 $\rho_k < \alpha_k \underline{y_k}$，类似的推导可知，（EP）在 Y^2 上不可能存在全局最优解。

8.2　算法及其收敛性

基于前面的结果，本节给出求解问题（EP）的分支定界算法。该算法有 3 个基本过程：删除过程、分支过程和更新上、下限过程。

首先，基于定理 8.3，通过删除过程切除掉当前搜索区域中不可能存在全局最优解的区域。

其次，通过分支过程将任一矩形 $Y = \{y \in R^N \mid \underline{y_i} \leqslant y_i \leqslant \overline{y_i}, i=1,\cdots,n\} \subseteq Y^0$ 剖分为 2 个子矩形。随着算法迭代的进行，那些不能被排除的区域将会被不断地剖分。本章选择矩形二分法对矩形细分，具体过程如下：选择 $p = \arg\max\{\overline{y_i} - \underline{y_i} \mid i=1,\cdots,n\}$；通过区间 $[\underline{y_p}, \overline{y_p}]$ 的中点将该区间分为 $[\underline{y_p}, (\underline{y_p} + \overline{y_p})/2]$ 和 $[(\underline{y_p} + \overline{y_p})/2, \overline{y_p}]$ 2 个子区间，进而 Y 也被剖分为 2 个子矩形。

最后，通过求解问题（LRP）得到的解以及矩形 Y 的中点更新问题（EP）最优值的上、下界。

下面给出本章算法的基本步骤。在这个算法中，令 $LB(Y^k)$ 是问题（LRP）在矩形 $Y = Y^k$ 上的最优值，且 $y^k = y(Y^k)$ 是相应的解。因为 $\Psi_j^l(y)$（$j=0,\cdots,M$）线性函数，所以假定它可以表示为 $\Psi_j^l(y) = \sum_{i=1}^{n} a_{ji} y_i + b_j$，其中 $a_{ji}, b_j \in R$。从而有

$$\min_{y \in Y} \Psi_j^l(y) = \sum_{i=1}^{n} \min\{a_{ji} \underline{y_i}, a_{ji} \overline{y_i}\} + b_j$$

8.2.1 算法描述

步 0 (初始化)令活动节点集 $Q_0 = \{Y^0\}$，上界 $UB = +\infty$，可行点集 $F = \phi$，容许误差 $\varepsilon > 0$ 以及迭代计数器 $k = 0$。

求问题（LRP）在 $Y = Y^0$ 上最优值及最优解。令 $LB_0 = LB(Y^0)$，

$y^0 = y(Y^0)$。如果 y^0 是问题（EP）的可行解，则令

$UB = \Psi_0(y^0), F = F \cup \{y^0\}$.

如果 $UB < LB_0 + \varepsilon$，则停机：y^0 是问题（EP）的 ε 最优解。否则，继续。

步 1 (更新上界)选择 Y^k 的中点 y_{mid}^k；如果 y_{mid}^k 是问题（EP）的可行解，则置 $F = F \cup \{y_{\mathrm{mid}}^k\}$。更新上界 $UB = \min\{\Psi_0(y_{\mathrm{mid}}^k), UB\}$ 以及当前的最好可行解 $y^* = \mathrm{argmin}_{y \in F} \Psi_0(y)$。

步 2 (分支与缩减)将 Y^k 剖分为 2 个子矩形，并将它们存在集合 $\overline{Y^k}$ 中。对于每一个 $Y \in \overline{Y^k}$，使用定理 8.3 中的缩减规则进行矩形 Y 进行缩减，并计算 $\Psi_j(y)$ 在 Y 上的下界 $\Psi_j^l(y)$。如果对于 $j = 1, \cdots, M$，存在某个 j 使得 $\min\limits_{y in Y}\Psi_j^l(y) > \beta_j$，或者对于 $j = 0$，$\min\limits_{y in Y}\Psi_0^l(y) > UB$，则 Y 将被从 $\overline{Y^k}$ 中删除，i. e. $\overline{Y^k} = \overline{Y^k} \backslash Y$。

步 3 (定界)如果 $\overline{Y^k} \neq \phi$，求解问题（LRP）在每个 $Y \in \overline{Y^k}$ 上的最优值 $LB(Y)$ 和最优解 $y(Y)$。如果 $LB(Y) > UB$，置 $\overline{Y^k} = \overline{Y^k} \backslash Y$；否则，更新 UB, F 和 y^*（如果可能）。更新 $Q_k = (Q_k \backslash Y^k) \cup \overline{Y^k}$，及下界 $LB_k = \inf\limits_{Y \in Q_k} LB(Y)$。

步 4 (收敛性检查)置

$$Q_{k+1} = Q_k \backslash \{Y | UB - LB(Y) \leqslant \varepsilon, Y \in Q_k\}$$

如果 $Q_{k+1} = \phi$，则停机：UB 是问题（EP）的 ε 最优值，y^* 是 ε 最优解。否则，选择使得 $Y^{k+1} = \mathrm{argmin}_{Y \in Q_{k+1}} LB(Y)$，$y^{k+1} = y(Y^{k+1})$ 的活动节点 Y^{k+1}，置 $k = k+1$，并转步 1。

8.2.2 收敛性分析

本小节给出算法的全局收敛性。

定理 8.4 上述算法或者有限步终止找到一个全局 ε 最优解，或者产生一

个无穷序列 $\{y^k\}$ 使得其聚点是问题（EP）的全局最优解。

证明 当算法有限步 $k \geqslant 0$ 终止时，根据算法有

$$UB - LB_k \leqslant \varepsilon$$

由步 0 和步 4 知，y^* 是问题（EP）的可行解，所以有

$$\Psi_0(y^*) - LB_k \leqslant \varepsilon$$

令 v 表示问题（EP）的最优值。由 8.1 知

$$LB_k \leqslant v$$

因为 y^* 是问题（EP）的可行解，所以

$$\Psi_0(y^*) \geqslant v$$

综上，有 $v \leqslant \Psi_0(y^*) \leqslant LB_k + \varepsilon \leqslant v + \varepsilon$，进而有 $v \leqslant \Psi_0(y^*) \leqslant v + \varepsilon$，所以 y^* 是问题（EP）的 ε 最优解。

当算法无限步终止时，根据文献[147]，算法收敛到全局最优解的一个充分条件是：界更新需要满足一致的，且选择算子需要满足界改善的。

所谓界更新满足一致性指的是没被删除的矩形会被进一步剖分，且一个被无穷细分的矩形序列上满足

$$\lim_{k \to \infty} (UB - LB_k) = 0 \qquad (8-5)$$

其中 LB_k 是第 k 次迭代时得到的下界，UB 是第 k 次迭代时得到的最好上界。

因为本章算法采用的是矩形剖分，所以这一过程是穷举的。由定理 8.2 知，$V(\mathrm{RLP}) \leqslant V(\mathrm{EP})$，所以式（8-5）成立，这意味着本章算法中的界更新满足一致性。

所谓选择算子满足界改善指的是被选中做进一步剖分的矩形是最小下界在其上达到的那个矩形。显然，由算法步骤知本算法的选择算子满足界改善性。

综上，由文献[147]中的定理 $IV.3.$ 知，本章算法可以收敛到问题（EP）的全局最优解。

8.3　数值实验

为了验证本章算法的性能，求解了一些数值算例，并将其结果与文献[26]中结果做了比较。公平起见，2 个算法均由 Matlab 7.1 实现，所有的测试是在

Pentium Ⅳ（3.06 GHZ）PC 机上完成。单纯形方法被用于求解中间的线性规划问题，算法的容许误差 $\varepsilon=1\times10^{-4}$。

表 8-1 给出了例 1～例 6 的比较结果，其中算法运行时间的单位为秒。表 8-2 给出了本章算法在例 7 上的计算结果，其中维度（n）表示决策变量的个数。

【例 1】

min　$0.3578x_3^2+0.8357x_1x_5$

s. t.　$0.1584x_3x_5-0.4263x_2x_5-0.534x_1x_4\leqslant5$

　　　$0.530x_2x_5+0.1320x_1x_4-0.4308x_3x_5\leqslant5$

　　　$1.3294x_2^{-1}x_5^{-1}-0.420x_1x_5^{-1}-0.30586x_2^{-1}x_3^2x_5^{-1}\leqslant5$

　　　$0.00024186x_2x_5+0.00010159x_1x_2+0.00007379x_3^2\leqslant5$

　　　$2.1327x_3^{-1}x_5^{-1}-0.2668x_1x_5^{-1}-0.40584x_4x_5^{-1}\leqslant5$

　　　$0.00029955x_3x_5+0.00007992x_1x_3+0.00012157x_3x_4\leqslant5$

　　　$20\leqslant x_1\leqslant60,20\leqslant x_2\leqslant60,20\leqslant x_3\leqslant60,20\leqslant x_4\leqslant60,20\leqslant x_5\leqslant60$

【例 2】

min　$x_1+x_2^{0.1}x_3$

s. t.　$3.7x_1^{-1}x_2^{0.85}+1.985x_1^{-1}x_2+700.3x_1^{-1}x_3^{-0.75}\leqslant3$

　　　$0.7673x_3^{0.05}-0.05x_2\leqslant3$

　　　$5\leqslant x_1\leqslant15,0.1\leqslant x_2\leqslant5,380\leqslant x_3\leqslant450$

【例 3】

min　$x_1^2+x_2^2$

s. t.　$0.3x_1x_2\geqslant1$

　　　$2\leqslant x_1\leqslant5,1\leqslant x_2\leqslant3$

【例 4】

min　$0.5x_1x_2^{-1}-x_1-5x_2^{-1}$

s. t.　$0.01x_2x_3^{-1}+0.01x_2+0.0005x_1x_3\leqslant1$

　　　$70\leqslant x_1\leqslant150,1\leqslant x_2\leqslant30,0.5\leqslant x_3\leqslant21$

【例 5】

$$\min \quad x_1$$

$$\text{s. t.} \quad 0.274 x_4 x_5^4 + 2520.66 x_2 x_5^5 + x_1 x_4^2 - x_1 x_2 x_3 x_4 \leqslant 0$$

$$x_1 x_3^{-1} x_4 \leqslant 1$$

$$x_2 x_5^4 \leqslant 1$$

$$x_4 x_5^3 \leqslant 1$$

$$10^{-12} \leqslant x_1 \leqslant 2, 20 \leqslant x_2 \leqslant 35, 120 \leqslant x_3 \leqslant 160$$

$$1 \leqslant x_4 \leqslant 10, 10^{-6} \leqslant x_5 \leqslant 1$$

【例 6】

$$\min \quad x_1$$

$$\text{s. t.} \quad \frac{1}{4} x_1 + \frac{1}{2} x_2 - \frac{1}{16} x_1^2 - \frac{1}{16} x_2^2 \leqslant 1$$

$$\frac{1}{14} x_1^2 + \frac{1}{14} x_2^2 - \frac{3}{7} x_1 - \frac{3}{7} x_2 \leqslant -1$$

$$1 \leqslant x_1 \leqslant 5.5, 1 \leqslant x_2 \leqslant 5.5$$

【例 7】

$$\min \quad \sum_{i=1}^{n} \left(x_i^2 - \frac{1}{2} x_i \right)$$

$$\text{s. t.} \quad \sum_{i=1}^{j} x_i \leqslant j, \ j = 1, \cdots, n$$

$$x_i \geqslant 0, \ i = 1, \cdots, n$$

表 8-1 例 1～例 6 的计算结果

例	方法	最优解	最优值	时间	迭代次数
1	[195]	(20.0, 23.8869, 20.0, 59.9411, 20.0)	334.7628	0.041894	2
	ours	(20.0, 22.3209, 20.0, 45.8165, 20.0)	334.7628	0.041748	2
2	[195]	(5.0, 0.1, 380.0)	346.9750	1.370199	30
	ours	(5.0, 0.1, 380.0)	346.9750	0.856762	28
3	[195]	(2.00003, 1.66665)	6.7778	0.984863	36
	ours	(2.0000, 1.6667)	6.7778	0.930410	32

表 8-1(续)

例	方法	最优解	最优值	时间	迭代次数
4	[195]	(150,30,1.9697)	−147.6667	0.817344	28
	ours	(150,30,3.5272)	−147.6667	0.391	10
5	[195]	(0.0,20.5529,135.2885.1.0620,0.0)	0	0.247957	8
	ours	(0.0,20.2365,120.6807.1.0182,0.0013)	0	0.012865	1
6	[195]	(1.0,2.0697)	1	0.772609	32
	ours	(1.0,2.1290)	1	1.098231	47

表 8-2 例 7 的计算结果

维度(n)	时间	迭代次数
30	5.546	63
50	1.6071	182
80	52.317	416
100	89.12	658
150	134.28	964

由表 8-1 可以看出，除了例 6，本章算法找到最优解的时间和迭代次数均优于文献 [26]。

由表 8-2 可以看出，本章算法在低维问题上的计算结果还是比较好的。对于稍高一点维度的问题，本章算法也可以在合理的时间和迭代次数下找到它的最优解。

参 考 文 献

[1] Dorigo M,Birattari M,Stützle T. Ant colony optimization: artificial ants as a computational intelligence technique[J]. IEEE Computational Intelligence Magazine,2006,1(4):28 – 39.

[2] Socha K,Dorigo M. Ant colony optimization for continuous domains[J]. European Journal of Operational Research,2008,185(3):1155 – 1173.

[3] Liao T J,Stutzleb T. A unified ant colony optimization algorithm for continuous optimization[J]. European Journal of Operational Research,2014, 234(3):597 – 609.

[4] Karaboga D. An idea based on honey bee swarm for numerical optimization [J]. Technical report-tr06,Erciyes University,Engineering Faculty,Computer Engineering Department,2005.

[5] Sharma T K,Abraham A. Artificial bee colony with enhanced food locations for solving mechanical engineering design problems[J]. Journal of Ambient Intelligence and Humanized Computing,2020,11(1):267 – 290.

[6] Zhu G,Kwong K. Gbest-guided artificial bee colony algorithm for numerical function optimization[J]. Applied Mathematics and Computation,2010, 217(7):3166 – 3173.

[7] Deep K,Thakur M. A new mutation operator for real coded genetic algorithms[J]. Applied Mathematics and Computation,2007,193:211 – 230.

[8] Kaelo P,Ali M M. Integrated crossover rules in real coded genetic algorithms[J]. European Journal of Operational Research,2007,176:60 – 76.

[9] Kennedy J,Eberhart R. Particle swarm optimization[J]. IEEE International

Conference on Neural Networks,1995,4:1942 – 1948.

[10] Nickabadi A,Ebadzadeh M M,Safabakhsh R. A novel particle swarm op-timization algorithm with adaptive inertia weight[J]. Applied Soft Com-puting,2011,11(4):3658 – 3670.

[11] Zhan Z H,Zhang H. Adaptive particle swarm optimization[J]. IEEE Transactions on Systems,Man,and Cybernetics,2009,39(6):1362 – 1381.

[12] Hu M Q,Wu T,Weir J D. An adaptive particle swarm optimization with multiple adaptive methods[J]. IEEE Transactions on Evolutionary Com-putation,2013,17(5):705 – 720.

[13] Storn R,Price K. Differential evolution a simple and efficient heuristic for global optimization over continuous spaces[J]. Journal of Global Optimi-zation,1997,11: 341 – 359.

[14] Zhou X G,Zhang G J,Hao X H,A novel differential evolution algorithm using local abstract convex underestimate strategy for global optimization [J]. Computers and Operations Research,2016,75:132 – 149.

[15] Li L,Zhou Y. A novel complex-valued bat algorithm[J]. Neural Compu-ting and Applications,2014,25(6):1369 – 1381.

[16] Lin J H,Chou C W. A chaotic levy flight bat algorithm for parameter esti-mation in nonlinear dynamic biological systems[J]. Journal of Computing and Information Technology,2012,2(2): 56 – 63.

[17] Yilmaz S,Kucuksille E U. A new modification approach on bat algorithm for solving optimization problems[J]. Applied Soft Computing,2015,28: 259 – 275.

[18] Yelghi A,KÖse C. A modified firefly algorithm for global minimum opti-mization[J]. Applied Soft Computing,2018,62:29 – 44.

[19] Wang H,Wang W J. Firefly algorithm with neighborhood attraction[J]. Information Sciences,2017,382:374 – 381.

[20] Yu S H,Zhu S L,Zhou X C,An improved firefly algorithm based on non-linear time-varying step-size[J]. International Journal of Hybrid Informa-

tion Technology,2016,9:397 - 410.

[21] Wang C F,Deng Y P,Shen P P,A novel convex relaxation-strategy-based algorithm for solving linear multiplicative problems[J]. Journal of Computational and Applied Mathematics,2022,407:114080.

[22] Wang C F,Bai Y Q,Shen P P. A practicable branch-and-bound algorithm for globally solving linear multiplicative programming[J]. Optimization, 2017,6(3):1 - 9.

[23] Horst R,Pardalos P M,Thoai N V. Introduction to Global Optimization [M]. Boston:Kluwer Academic Publishers,2000.

[24] Tseng P. A modified forward-backward splitting method for maximal monotone mappings[J]. SIAM Journal on Control and Optimization, 2001,38(2):431 - 446.

[25] Chan R,Mao M,Yuan X. Linearized alternating direction method of multipliers for constrained linear least-squares problem[J]. East Asian Journal on Applied Mathematics,2012,2:326 - 341.

[26] Neshat M,Alavi A H,Heydari M. A comprehensive survey on fish swarm algorithm[J]. Journal of Ambient Intelligence and Humanized Computing,2018,9(5):1677 - 1689.

[27] Yang X S. Flower pollination algorithm for global optimization,Unconventional Computation and Natural Computation,Lecture Notes in Computer Science,Springer[M]. Berlin,Heidelberg,2012.

[28] Li Y H,Liu Y Z. Fireworks algorithm: a novel swarm intelligence optimization algorithm[J]. International Journal of Computer Mathematics, 2013,90:412 - 431.

[29] Fletcher R. Conjugate gradient methods for indefinite systems[J]. Numerische Mathematik,1964,6(3): 243 - 256.

[30] Zhang H,Zhou S. Nonlinear Programming:Theory and Algorithms[M]. 3rd Edition. Springer,2014.

[31] 申培萍,全局优化方法[M].北京:科学出版社,2007.

［32］ Zhang L S,Li D,Tian W W. A new filled function method for global opti-mization［J］. Journal of Global Optimization,2004,28：17 − 43.

［33］ Levy A V, Montalvo A. The tunneling algorithm for the global minimiza-tion of functions［J］. SIAM Journal on Scientific and Statistical Compu-ting,1985,6：15 − 29.

［34］ Rozenberg G,Back J,Kok J N. Handbook of Natural Computing［M］. pringer,2012.

［35］ Gao W F,Liu S Y,Huang L L,Particle swarm optimization with chaotic opposition-based population initialization and stochastic search technique ［J］. Communications in Nonlinear Science and Numerical Simulation, 2012,7(11)：4316 − 4327.

［36］ Manuellaguna L,Manuelmarti L. A genetic algorithm for the minimum generating set problem［J］. Applied Soft Computing,2016,48：254 − 264.

［37］ Karaboga D,Gorkemli B. A comprehensive survey：artificial bee colony （ABC） algorithm and applications［J］. Artificial Intelligence Review, 2014,42(1)：21 − 57.

［38］ Medjahed S A,Saadi T A,Benyettou A,et al. Binary cuckoo search algo-rithm for band selection in hyperspectral image classification［J］. IAENG International Journal of Computer Science,2015,42(3)：183 − 191.

［39］ Taherkhani M,Safabakhsh R. A novel stability-based adaptive inertia weight for particle swarm optimization［J］. Applied Soft Computing, 2016,38：281 − 295.

［40］ Jiao B,Lian Z G,Gu X S. A dynamic inertia weight particle swarm optimi-zation algorithm［J］. Chaos,Solitons Fractals,2008,37(3)：698 − 705.

［41］ Zhan Z H,Zhang J. Adaptive particle swarm optimization［J］. IEEE Transactions on Systems Man and Cybernetics,2009,39(6)：1362 − 1381.

［42］ Yang X M,Yuan J S. A modified particle swarm optimizer with dynamic adaptation［J］. Applied Mathematics and Computation,2007,189(2)：1205 − 1213.

［43］ Zhang D,Guan Z,Liu X. Adaptive particle swarm optimization algorithm with dynamically changing inertia weight[J]. Control and Decision,2008, 11:1253 - 1257.

[44] Hu M Q,Wu T,Weir J D. An adaptive particle swarm optimization with multiple adaptive methods[J]. IEEE Transactions on Evolutionary Computation,2013,17(5):705 - 720.

[45] Ratnaweera A,Halgamuge S K,Watson H C. Self-organizing hierarchical particle swarm optimizer with time—varying acceleration coefficients[J]. IEEE Transactions on Evolutionary Computation2004,8(3):240 - 255.

[46] Ardizzon G,Cavazzini G,Pavesi G. Adaptive acceleration coefficients for a new search diversification strategy in particle swarm optimization algorithms[J]. Information Science,2015,299:337 - 378.

[47] Jordehi A R,Jasni J. Parameter selection in particle swarm optimisation: a survey[J]. Journal Of Experimental & Theoretical Artificial Intelligence, 2013,25(4):527 - 542.

[48] Alatas B,Akin E,Ozer A B. Chaos embedded particle swarm optimization algorithms[J]. Chaos,Solitons Fractals,2009,40(4):1715 - 1734.

[49] Rapaic M R,Kanovic Z. Time-varying PSO C convergence analysis,convergence-related parameterization and new parameter adjustment schemes [J]. Information Processing Letters,2009,109(11):548 - 552.

[50] Mendes R,Kennedy J,Neves J. The fully informed particle swarm: simpler,maybe better[J]. IEEE Transactions on Evolutionary Computation, 2004,8(3):204 - 210.

[51] Liang J J,Qin Q,Suganthan P N,et al. Comprehensive learning particle swarm optimizer for global optimization of multimodal functions[J]. IEEE Transactions on Evolutionary Computation,2006,10:281 - 295.

[52] Parrott D,Li X. Locating and tracking multiple dynamic optima by a particle swarm model using speciation[J]. IEEE Transactions on Evolutionary Computation,2006,10(4):440 - 458.

[53] Wang H,Wu Z,Rahnamayan S,et al. Particle swarm optimization with

simple and efficient neighbourhood search strategies[J]. International Journal of Innovative Computing & Applications,2011,3(2):97 − 104.

[54] Yazdani D,Nasiri B,Alireza S M,et al. A novel multi-swarm algorithm for optimization in dynamic environments based on particle swarm optimization[J]. Applied Soft Computing,2013,13(4):77 − 93.

[55] Zhang Y,Gong D W. Adaptive bare-bones particle swarm optimization algorithm and its convergence analysis[J]. Soft Computing,2014,18(7):1337 − 1352.

[56] Noel M M. A new gradient based particle swarm optimization algorithm for accurate computation of global minimum[J]. Applied Soft Computing,2012,12(1):353 − 359.

[57] Lim W H,MIsa N A. An adaptive two−layer particle swarm optimization with elitist learning strategy[J]. Information Science,2014,273:49 − 72.

[58] Zhan Z H,Zhang J. Orthogonal learning particle swarm optimization[J]. IEEE Transactions on Evolutionary Computation,2001,15(6):832 − 847.

[59] Hakli H,Uguz H. A novel particle swarm optimization algorithm with levy flight[J]. Applied Soft Computing,2014,23(5):333 − 345.

[60] Wang H,Sun H,Li C, et al. Diversity enhanced particle swarm optimization with neighborhood search[J]. Information Science,2013,223:119 − 135.

[61] Beheshti Z,Shamsuddin S M H. CAPSO:centripetal accelerated particle swarm optimization[J]. Information Science,2014,258:54 − 79.

[62] Esmin A A,Matwin S. HPSOM:a hybrid particle swarm optimization algorithm with genetic mutation[J]. International Jornal of Innovative Computing information and Control,2013,9(5):1919 − 1934.

[63] Eslam M,Shareef H. A survey of the state of the art in particle swarm optimization,Research Journal of Applied Sciences Engineering & Technology,2012,4(9):1181 − 1197.

[64] Zhang J M, Lei X. Particle swarm optimization algorithm for constrained prob-lems,Asia-Pacific Journal of Chemical Engineering,2009,4:437 − 42.

[65] Kohler M, Vellasco M, Tanscheit R. PSO+: a new particle swarm optimization algorithm for constrained problems[J]. Appl Soft Comput, 2019; 85: 105865.

[66] Ang K M, Lim W H. A constrained multi-swarm particle swarm optimization without velocity for constrained optimization problems. Expert Systems with Applications, 2020, 140: 112882.

[67] Rosso M M, Cucuzza R, Aloisio A, et al. Enhanced multi-strategy particle swarm optimization for constrained problems with an evolutionary-strategies-based unfeasible local search operator[J]. Applied Sciences, 2022, 12 (5): 2285.

[68] Zhu H, Guo Y, Wu J, et al., Particle swarm optimization (PSO) for the constrained portfolio optimization problem[J]. Expert Systems with Applications, 2011, 38(8): 101619.

[69] Chopra N, Brar Y S, Dhillon J S. An improved particle swarm optimization using simplex-based deterministic approach for economic-emission power dispatch problem[J]. Electrical Engineering, 2021, 103: 1347 - 65.

[70] Xia X W, Gui L, Yu F, et al. Triple archives particle swarm optimization [J]. IEEE Transactions on Cybernetics, 2020, 50: 4862 - 4875.

[71] Zhang Y F, Liu X X, Bao F X, et al. Particle swarm optimization with adaptive learning strategy [J]. Knowledge-Based Systems, 2020, 196 (3): 105789.

[72] Shin Y B, Kita E. Search performance improvement of particle swarm optimization by second best particle information[J]. Applied Mathematics and Computation, 2014, 246: 346 - 354.

[73] Mirjalili S, Lewis A, Sadiq A S. Autonomous particles groups for particle swarm optimization[J]. Arabian Journal For Science And Engineering, 2014, 39: 4683 - 4697.

[74] Aydilek I B. A hybrid firefly and particle swarm optimization algorithm for computationally expensive numerical problems[J]. Applied Soft Com-

puting,2019,66:232 - 249.

[75] Simon D. Biogeography-based optimization[J]. IEEE Transactions on Evolutionary Computation,2008,12:702 - 713.

[76] Yang X S,Gandom A H. Bat algorithm: a novel approach for engineering oprimization,Engineering Computations,2012,29:464 - 483.

[77] Bansa J 1,Sharma H,Clerc M. Spider monkey optimization algorithm for numerical oprimization[J]. Memetic Computing,2014,6:31 - 47.

[78] Storn R,Price K. Differential evolution—a simple and efficient heuristic for global optimization over continuous spaces[J]. Journal of Global Optimization,1997,2:341 - 359.

[79] Dorigo M,Stutzle T. Ant colony optimization[M]. MIT Press, Cambridege,MA,2004.

[80] Geem Z W,Kim J H,Loganathan G V. A new heuristic optimization algorithm: harmony search[J]. Simulation,2001,76:60 - 68.

[81] Mustaffa Z,Yusof Y,Kamaruddin S S. Enhanced artificial bee colony for training least squares support vector machines in commodity price forecasting,2014,5:196 - 205.

[82] Pan Q K,Tasgetiren M F. A discrete artificial bee colony algorithm for the lot-streaming flow shop scheduling problem[J]. Information Sciences, 2011,181:2455 - 2468.

[83] Manoj V J,Elias E. Artificial bee colony algorithm for the design of multiplierless nonuniform filter bank transmultiplexer[J]. Information Sciences,2012,192:193 - 203.

[84] Tuba M,Bacanin N,Stanarevic N. Guided artificial bee colony algorithm, in: Proceeding of the European Computing Conference(ECC11),2011.

[85] Gao W F,Liu S Y. A modified artificial bee colony algorithm[J]. Computers and Operations Research,2012,39: 687 - 697.

[86] Gao W F, Liu S Y, Huang L L. A global best artificial bee colony algorithm for global optimization[J]. Journal of Computational and Ap-

plied Mathematics, 2012, 236:2741 - 2753.

[87] Bin W, Qian C H. Differential artificial bee colony algorithm for global numerical optimization[J]. Journal of Computers, 2011, 6(5):841 - 848.

[88] Sharma T K, Pant M. Differential operators embedded artificial bee colony algorithm[J]. International Journal of Applied Evolutionary Computation, 2011, 2 (3):1 - 14.

[89] Hsieh T J, Hsiao H F, Yeh W C. Mining financial distress trend data using penalty guided support vector machines based on hybrid of particle swarm optimization and artificial bee colony algorithm[J]. Neurocomputing, 2012, 82:196 - 206.

[90] Abraham A, Jatoth R K, Rajasekhar A. Hybrid differential artificial bee colony algorithm [J]. Journal of Computional and Theoretical Nanoscience, 2012, 9 (2):249 - 257.

[91] Luo J, Wang Q, Xiao X H. A modified artificial bee colony algorithm based on converge—onlooker approach for global optimization[J]. Applied Mathematics and Computation2013, , 219:10253 - 10262.

[92] Alatas B. Chaotic bee colony algorithms for global numerical optimization [J]. Expert Systems with Applications, 2010, 37:5682 - 5687.

[93] Rahnamayan S. Opposition—based differential evolution[J]. IEEE Transactions on Evolutionary Computation, 2008, 12:64 - 79.

[94] Suganthan P N, Liang N, Deb J J, et al. Probelm definitions and evaluation criteria for the CEC 2005, special sesson on real-parameter optimization [D]. Report no. KanGAL Report, 2005.

[95] Wang C F, Song W X. A modified particle swarm optimization algorithm based on velocity updating mechanism[J]. Ain Shams Engineering Journal, 2019, 10(4):847 - 866.

[96] Sun G, Cai Y, Wang T, et al. Differential evolution with individual-dependent topology adaptation. Information Sciences, 2018, 450, 1 - 38.

[97] Akay B, Karaboga D. Parameter tuning for the artificial bee colony algo-

rithm, International Conference on Computational Collective Intelligence [M]. Springer, Berlin, Heidelberg, 2009.

[98] Wolpert D H, Macready W G. No free lunch theorems for optimization [J]. IEEE Transactions on Evolutionary Computation, 1997, 1(1):67 – 82.

[99] Xu F, Li H. Pun C M. et al. A new global best guided artificial bee colony algorithm with application in robot path planning[J]. Applied Soft Computing, 88: 106037, 2020.

[100] Wang X H, Zhang Y, Sun X Y, et al. Multi-objective feature selection based on artificial bee colony: An acceleration approach with variable sample size[J]. Applied Soft Computing, 2020, 88:106041.

[101] Sahu P, Singh B, Nirala N. An improved feature selection approach using global best guided Gaussian artificial bee colony for EMG classification [J]. Biomedical Signal Processing and Control, 2023, 80:104399.

[102] Cui L, Li G, Lin Q, et al. A novel artificial bee colony algorithm with depth-first search framework and elite-guided search equation[J]. Information Sciences, 2016, 367:1012 – 1044.

[103] Wang H, Wang W, Zhou X, et al. Artificial bee colony algorithm based on knowledge fusion[J]. Complex & Intelligent Systems, 7(3), 2021, 1139 – 1152.

[104] Cui L, Li G, Wang W, et al. A ranking-based adaptive artificial bee colony algorithm for global numerical optimization [J]. Information Sciences, 2017, 417:169 – 185.

[105] Zhang M, Tian N, Palade V, et al. Cellular artificial bee colony algorithm with Gaussian distribution[J]. Information Sciences, 2018, 462, 374 – 401.

[106] Wang C F, Shang P P, Shen P P. An improved artificial bee colony algorithm based on Bayesian estimation[J]. Complex & Intelligent Systems, 2022, 8(6): 4971 – 4991.

[107] Zhou X, Wu Z, Wang H, et al. Gaussian bare—bones artificial bee colony algorithm[J]. Soft Computing, 2016, 20(3): 907 – 924.

[108] Zhou X,Lu J,Huang J,et al,Enhancing artificial bee colony algorithm with multi-elite guidance[J]. Information Sciences,2021,543: 242-258.

[109] Yu W J,Zhan Z H,Zhang J. Artificial bee colony algorithm with an adaptive greedy position update strategy[J]. Soft Computing,2018,22 (2):437-451.

[110] Zhou X,Wu Y,Zhong M,et al. Artificial bee colony algorithm based on multiple neighborhood topologies[J]. Applied Soft Computing,2021, 111:107697.

[111] Peng H,Deng C,Wu Z. Best neighbor-guided artificial bee colony algorithm for continuous optimization problems[J]. Soft computing,2019,23 (18): 8723-8740.

[112] Xiang W,Meng X,Li Y,et al. An improved artificial bee colony algorithm based on the gravity model[J]. Information Sciences,2018,429:49-71.

[113] Song X,Zhao M,Xing S,A multi-strategy fusion artificial bee colony algorithm with small population[J]. Expert Systems with Applications, 2020,142:112921.

[114] Zhou X,Song J,Wu S,et al. Artificial bee colony algorithm based on online fitness landscape analysis[J]. Information Sciences,2023,619:603-629.

[115] Li X,Yang G. Artificial bee colony algorithm with memory[J]. Applied Soft Computing,2016,41:362-372.

[116] Alam M,Islam M. Artificial bee colony algorithm with self-adaptive mutation: a novel approach for numeric optimization[J]. In Tencon 2011—2011 IEEE Region 10 Conference,2011.

[117] Sharma H,Bansal J,Arya K,et al. Levy flight artificial bee colony algorithm [J]. International Journal of Systems Science,2016,47(11):2652-2670.

[118] Akay B,Karaboga D. A modified artificial bee colony algorithm for real-parameter optimization[J]. Information Sciences,2012,192:120-142.

[119] Wang C F,Shang P P,Liu L X. Improved artificial bee colony algorithm guided by experience[J]. Engineering Letters,2022,30(1):261-265.

[120] Ye T,Wang H,Wang W,et al. Artificial bee colony algorithm with an adaptive search manner and dimension perturbation[J]. Neural Computing and Applications,2022,34(19):16239 − 16253.

[121] Saleh R,Akay R. Artificial bee colony algorithm with directed scout[J]. Soft Computing,2021,25(21):13567 − 13593.

[122] Zeng T,Wang W,Wang H,et al. Artificial bee colony based on adaptive search strategy and random grouping mechanism[J]. Expert Systems with Applications,2022,192,116332.

[123] Dahan F. A. Alwabel,Artificial bee colony with cuckoo search for solving service somposition[J]. Intelligent Automation & Soft Computing, 35(3):2023,128 − 137.

[124] Brajevie I,Stanimirovie P,Li S,et al. A hybrid firefly and multi-strategy artificial bee colony algorithm[J]. International Journal of Computational Intelligence Systems,2020,13(1):810 − 821.

[125] Ustun D,Toktas A,Erkan U,et al. Modified artificial bee colony algorithm with differential evolution to enhance precision and convergence performance[J]. Expert Systems with Applications,2022,198:116930.

[126] Etminaniesfahani A,Gu H,Salehipour A. ABFIA:A hybrid algorithm based on artificial bee colony and Fibonacci indicator algorithm[J]. Journal of Computational Science,2022,61:101651.

[127] Hammer M,Menzel R. Learning and memory in the honeybee[J]. Journal of Neuroscience,1995,15(3):1617 − 1630.

[128] Zhang S,Bock F,Si S,et al. Visual working memory in decision making by honey bees[J]. Proceedings of the National Academy of Sciences, 2005,102(14):5250 − 5255.

[129] Zhang S,Schwarz S,Pahl M,et al,Honeybee memory:a honeybee knows what to do and when[J]. Journal of Experimental Biology, 2006209 (22):4420 − 4428.

[130] Shohamy D,Adcock R A. Dopamine and adaptive memory[J]. Trends in

cognitive sciences,2010,14(10): 464 - 472.

[131] Xia X, Gui L, He G, et al. An expanded particle swarm optimization based on multi-exemplar and forgetting ability [J]. Information Sciences,2020,508:105 - 120.

[132] Wang H, Wang W, Xiao S, et al. Improving artificial bee colony algorithm using a new neighborhood selection mechanism[J]. Information Sciences,2020,527: 227 - 240.

[133] Yang M, Li C, Cai A, et al. Differential evolution with auto-enhanced population diversity[J]. IEEE transactions on cybernetics,2014,45(2): 302 - 315.

[134] Liang J, Qu B, Suganthan P. Problem Definitions and Evaluation Criteria for the CEC 2014 Special Session and Competition on Single Objective Real-Parameter Numerical Optimization (Technical Report 201311),2013.

[135] Derrac J, García S, Molina D, et al. A practical tutorial on the use of non-parametric statistical tests as a methodology for comparing evolutionary and swarm intelligence algorithms[J]. Swarm and Evolutionary Computation,2011,1(1):3 - 18.

[136] Avriel M, Diewert W E, Schaible S. Generalized convexity [M]. New York: Plenum Press,1988.

[137] Maranas C D, Androulakis I P,Floudas C A. et al. Solving long-term financial planning problems via global optimization[J]. Journal of Economic Dynamics and Control,1997,21: 1405 - 1425.

[138] Bennett K P,Mangasarian O L. Bilinear separation of two sets in n-space [J]. Computational Optimization and Applications,1994,2:207 - 227.

[139] Quesada I,Grossmann I E. Alternative bounding approximations for the global optimization of various engineering design problems, in: I. E. Grossmann (Ed.),Global Optimization in Engineering Design,Nonconvex Optimization and Its Applications, Vol. 9, Kluwer Academic Publishers,Norwell,MA,1996.

[140]Dorneich M C,Sahinidis N V. Global optimization algorithms for chip design and compaction[J]. Engineering Optimization,1995,25(2):131 – 154.

[141] Mulvey J M,Vanderbei R J,Zenios S A. Robust optimization of large-scale systems[J]. Operations Research,43:264 – 281,1995.

[142] Benson H P. Global maximization of a generalized concave multiplicative function[J]. Journal of Optimization Theory and Applications,2008,137:120 – 150.

[143] Kuno T. Solving a class of multiplicative programs with 0 – 1 knapsack constraints[J]. Journal of Optimization Theory and Applications,1999,103:121 – 125.

[144] Hong S R,Nikolaos V S. Global optimization of multiplicative programs [J]. Journal of Global Optimization,2003,26:387 – 418.

[145] Shen P P,Jiao H W. Linearization method for a class of multiplicative programming with exponent[J]. Applied Mathematics and Computation,2006,183:328 – 336.

[146] Zhou X G,Wu K. A method of acceleration for a class of multiplicative programming problems with exponent[J]. Journal of Computational and Applied Mathematics2009,223:975 – 982.

[147] Horst R,Tuy H. Global Optimization:Deterministic Approaches[M]. Springer-Verlag,Berlin,1993.

[148] Benson H P,Boger G M. Outcome-space cutting-plane algorithm for linear multiplicative programming[J]. Journal of Optimization Theory and Applications,2000,104(2):301 – 322.

[149] Wang C F,Liu S Y,Shen P P. Global minimization of a generalized linear multiplicative programming[J]. Applied Mathematical Modelling,2012,36:2446 – 2451.

[150] Gao Y L,Xu C X,Yang Y T. Outcome-space branch and bound algorithm for solving linear multiplicative programming[J]. Computational Intelligence and Security,2005,3801:675 – 681.

[151] Thoai N V. A global optimization approach for solving the convex multiplicative programming problem[J]. Journal of Global Optimization, 1991,1:341 – 357.

[152] Falk J E,Palocsa S E. Image space analysis of generalized fractional programs[J]. Journal of Global Optimization,1994,4(1):63 – 88.

[153] Jiao H W,Li K,Wang J P,An optimization algorithm for solving a class of multiplicative problems[J]. Journal of Chemical and Pharmaceutical Research,2014,6(1):271 – 277.

[154] Zhou X G,Cao B Y,Wu K. Global optimization method for linear multiplicative programming[J]. Acta Mathematicae Applicatae Sinica,2015, 31(2):325 – 334.

[155] Zhou X G,Cao B Y. A simplicial branch and bound duality-bounds algorithm to linear multiplicative programming[J]. Journal of Applied Mathematics,2013,2013:1 – 10.

[156] Gao Y L,Xu C X,Yang Y J. An outcome-space finite algorithm for solving linear multiplicative programming[J]. Applied Mathematics and Computation,2006, 179:494 – 505.

[157] Benson H P,Boger G M. An outcome space,cutting plane algorithm for linear multiplicative programming[J]. Journal of Optimization Theory and Application,2000,04:301 – 322.

[158] Kuno T,Konno H. Irie A. A deterministic approach to linear programs with several additional multiplicative Constraints[J]. Computational Optimization and applications,1999,14: 347 – 366.

[159]Benson H P. Decomposition branch and bound based algorithm for linear programs with additional multiplicative constraints[J]. Journal of Theory and Applications,2005,126: 41 – 46.

[160] 申培萍,刘利敏,段运鹏. 带多乘积约束的线性规划问题的求解新方法[J]. 河南师范大学学报(自然科学版),2007,35: 209 – 211.

[161] Konno H,Watanabe H. Bond portfolio optimization problems and their

applications to index tracking[J]. Journal of the Operations Research Society of Japan,1996,39:295 - 306.

[162] Falk J E,Palocsay S W. Optimizing the Sum of Linear Fractional Functions,Recent Advance in Global Optimization. Edited by C. A. Floudas and P. M. Pardalos, Princeton University press[J]. Princeton, New Jersey,1992.

[163] Charnes A,Cooper W W. Programming with linear fractional functionk [J]. Naval Research Logistics,1962,9:181 - 186.

[164] Konno H,Yajima Y,Matsui T. Parametric simplex algorithms for solving a special class of nonconvex minimization problem[J]. Journal of Global Optimization,1991,1:65 - 81.

[165] Konno H,Yamashita H. Minimizing sums and products of linear fractional functions over a polytope[J]. Naval Research Logistics,1999,46: 583 - 596.

[166] Konno H,Fukaish K. A branch and bound algorithm for solving low rank linear multiplicative and fractional programming problems[J]. Journal of Global Optimization,2000,18: 283 - 299.

[167] Ji Y,Zhang K C,Qu S J. A deterministic global optimization algorithm [J]. Applied Mathematics and Computation,2007,185:382 - 387.

[168] Wang C F,Shen P P. A global optimization algorithm for linear fractional programming[J]. Applied Mathematics and Computation,2008,204: 281 - 287.

[169] Horst R,Tuy H. Global Optimization Deterministic Approaches,2nd Edition,Springer Verlag[M]. Berlin,Germany,1993.

[170] Duffin R J,Peterson E L,Zener C. Geometric Programming-Theory and Application[M]. John Wiley and Sons,New York,NY,1967.

[171] Avriel M,Williams A C. An extension of geometric programming with applications in engineering optimization [J]. Journal of Engineering Mathematics,1971,5:187 - 199.

[172] Jefferson T R, Scott C H. Generalized geometric programming applied to problems of optimal control: I. Theory[J]. Journal of Optimization Theory and Applications1978,26:117 – 129.

[173] Jha N K. Geometric programming based robot control design[J]. Computer and Industrial Engineering,1995,29:631 – 635.

[174] Das K, Roy T K, Maiti M. Multi-item inventory model with under imprecise objective and restrictions: a geometric programming approach[J]. Production Plan. Control,2000,11:781 – 88.

[175] Chul J C, Dennis L B. Effectiveness of a geometric programming algorithm for optimization of machining economics models[J]. Computers and Operations Research,1996,23:957 – 961.

[176] Barmi H E, Dykstra R L. Restricted multinomial maximum likelihood estimation based upon Fenchel duality[J]. Statistics and Probability Letters,1994,21:121 – 130.

[177] Bricker D L, Kortanek K O, Xu L. Maximum Likelihood Estimates with Order Restrictions on Probabilities and Odds Ratios: A Geometric Programming Approach, Applied Mathematical and Computational Sciences [D]. The University of IA, Iowa City,1995.

[178] Jagannathan R. A stochastic geometric programming problem with multiplicative recourse[J]. Operations Research Letters,1990,9:99 – 104.

[179] Ssnmez A I, Baykasoglu A, Dereti T, et al. Dynamic optimizaion of multipass milling operations via geometric programming [J]. International Journal of Machine Tools and Manufacture,1999,39:297 – 320.

[180] Scott M, Jefferson C H. Allocation of resources in project management. [J]. International Journal on Systems Science,1995,26:413 – 420.

[181] Maranas C D, Floudas C A. Global optimization in generalized geometric programming, Computers and Chemical Engineering,1997,21:351 – 369.

[182] Rijckaert M J, Martens X M. Analysis and optimization of the Williams-Otto process by geometric programming[J]. AICHE Journal,1974,20:

742 – 750.

[183] Hansen P,Jaumard B. Reduction of indefinite quadratic programms to bi-linear programs[J]. Journal of Global Optimization,1992,2: 41 – 60.

[184] Beightler C S,Philips D. Applied Geometric Programming[M]. John Wiley and Sons,New York,NY,1976.

[185] Dembo R S,A set of geometric programming test problems and their solutions[J]. Mathematical Programming,1976,10: 192 – 213.

[186] Dembo R S. Current state of the art of algorithms and computer software for geometric programming[J]. Journal of Optimization Theory and Applications,1978,26:149 – 183.

[187] Rijckaert M J,Martens X M. Comparison of generalized geometric programming algorithms[J]. Journal of Optimization Theory and Applications,1978,26:205 – 242.

[188] Sarma P L,Martens X M,Reklaitis G V,et al. A comparison of computational strategies for geometric programs[J]. Journal of Optimization Theory and Applications,1978,26:185 – 203.

[189] Kortanek K O,No N. A second order affine scaling algorithm for the geometric programming dual with logarithmic barrier[J]. Optimization,1992,23:303 – 322.

[190] Kortanek K O,Xu X J,Ye Y Y. An infeasible interior-point algorithm for solving primal and dual geometric programs[J]. Mathematical Programming,1997,76:155 – 181.

[191] Passy U. Generalized weighted mean programming[J]. SIAM Journal on Applied Mathematics,1971,20:763 – 778.

[192] Wang Y J,Zhang K C,Shen P P. A new type of condensation curvilinear path algorithm for unconstrained generalized geometric programming [J]. Mathematical and Computer Modelling,2002,35: 1209 – 1219.

[193] Shen P P,Zhang K C. Global optimization of signomial geometric programming using linear relaxation[J]. Applied Mathematics and Compu-

tation,2004,150: 99 – 114.

[194] Qu S J,Zhang K C,Wang F S. A global optimization using linear relaxation for generalized geometric programmin[J]. European Journal of Operational Research,2008,190: 345 – 356.

[195] Shen P P,Li X A,Jiao H W. Accelerating method of global optimization for signomial geometric programming[J]. Journal of Computational and Applied Mathematics,2008,214: 66 – 77.

[196] Shen P P,Zhang K C. Global optimization of signomial geometric programming using linear relaxation[J]. Applied Mathematics and Computation,2004,150:99 – 114.

[197] Shen P P. Linearization method of global optimization for generalized geometric programming[J]. Applied Mathematics and Computation,2005, 162:353 – 370.

[198] Shen P P,Jiao H W. A new rectangle branch-and-pruning approach for generalized geometric programming[J]. Applied Mathematics and Computation,2006,183:1027 – 1038.